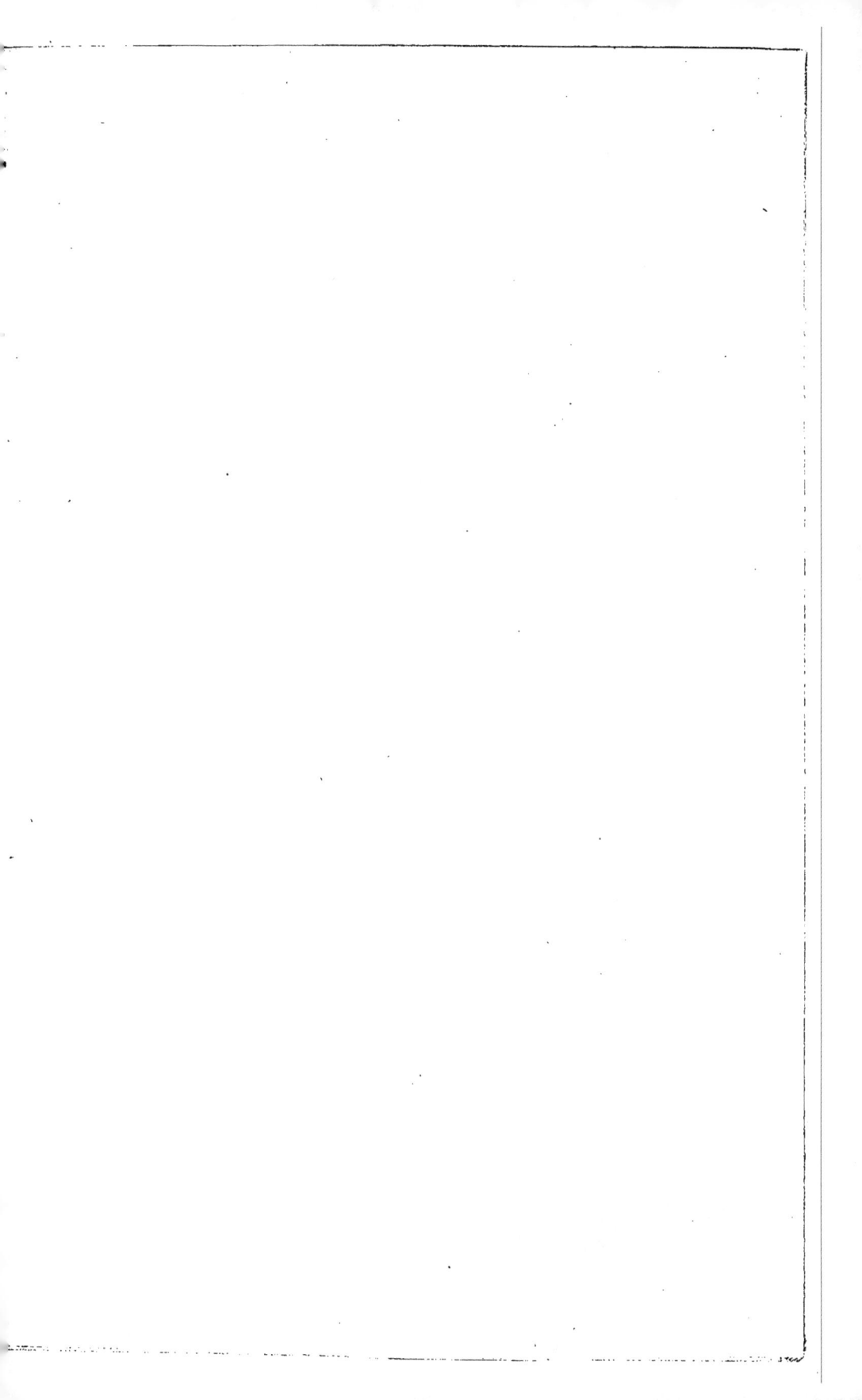

ÉTUDE

SUR LA

QUESTION OVINE

EN ALGÉRIE

PAR M. VIGER, DÉPUTÉ

Membre du Conseil supérieur de l'Agriculture.

CLERMONT-FERRAND

IMPRIMERIE TYPOGRAPHIQUE ET LITHOGRAPHIQUE G. MONT-LOUIS

Rue Barbançon, 1 et 2

1892

ÉTUDE

SUR LA

QUESTION OVINE

EN ALGÉRIE

Par M. VIGER, député

Membre du Conseil supérieur de l'Agriculture.

———

CLERMONT-FERRAND

IMPRIMERIE TYPOGRAPHIQUE ET LITHOGRAPHIQUE G. MONT-LOUIS

Rue Barbançon, 1 et 2

1892

ÉTUDE

SUR LA

QUESTION OVINE EN ALGÉRIE

~~~~~~~~

RAPPORT

Adressé à M. le Ministre de l'Agriculture

PAR M. VIGER, DÉPUTÉ

Membre du Conseil supérieur de l'Agriculture.

———————

MONSIEUR LE MINISTRE ET CHER COLLÈGUE',

Par décision du 21 mars 1892, vous m'avez confié une mission agricole en Algérie, ayant pour objet l'étude des diverses questions relatives à l'élevage de la race ovine indigène, en ce qui concerne, notamment, son amélioration, le développement de sa production, ainsi que les moyens d'en favoriser l'importation en France.

Travaux antérieurs.

Ainsi que j'ai eu l'honneur de vous l'expliquer verbalement, au moment de mon départ, il s'agissait beaucoup moins de rapporter de l'Algérie des documents inédits que de vous donner ma modeste appréciation sur les différents moyens proposés par des autorités scientifiques de la métropole et de la colonie, dont on ne saurait méconnaître la haute compétence, mais dont les opinions sont essentiellement différentes.

Il nous serait difficile, en effet, de fournir un travail absolument original sur la question ovine algérienne, après les travaux si importants, au point de vue agronomique et zootechnique, des Baudement, des Moll, des Bernis, de MM. Magne et Tisserand, après les récentes publications de MM. Bonzom, Couput, Charles Rivière, et les nombreux articles consacrés par la Presse algérienne à cette question, parmi lesquels nous devons citer ceux de MM. Rimbert, Martinet, Bonnefoy et de tant d'autres publicistes distingués de la colonie.

Mais si tous les écrivains agricoles sont d'accord sur ce point : que la production du mouton en Algérie est d'une importance capitale; qu'il est indispensable de la développer, attendu qu'elle est un des facteurs principaux de la richesse algérienne, et une des conditions de la pacification de la zone des Hauts-Plateaux et du Sahara algérien, occupée par les tribus nomades du sud de la colonie; si tout le monde est d'accord, dis-je, sur ce point, le désaccord commence et les contradictions s'accentuent, lorsqu'il s'agit d'appliquer à ce développement les diverses méthodes que la zootechnie met à la disposition des éleveurs.

D'autre part, les questions de commerce du bétail ont été fort peu étudiées jusqu'ici, et le producteur algérien a été trop souvent victime de son ignorance des procédés commerciaux nécessaires à l'écoulement de sa marchandise et de l'exagération des tarifs de transport.

Je me suis donc attaché uniquement à examiner les différents points traités par les auteurs des divers travaux sur la production ovine algérienne, et à vous rapporter les éléments d'informations que vous m'aviez chargé de recueillir sur place en ce qui concerne les questions d'élevage et de commerce; je me suis adjoint, ainsi que vous m'y avez autorisé, M. Léon Bertaux, directeur de la Régie du marché aux bestiaux de la Villette, qui a bien voulu m'accompagner pendant tout le cours de mon voyage, et me prêter le concours de sa haute expérience dans l'achat et la vente du bétail.

Sur ma demande, M. Bertaux m'a remis une note concernant cette dernière question, que nous sommes heureux de mettre également sous vos yeux en l'annexant à notre rapport.

Les terrains de parcours en Algérie.

Afin de se rendre un compte exact de la question ovine, il est indispensable de dire, en peu de mots, comment elle se rattache d'une façon intime à la constitution géologique et au système géographique de la colonie.

Si, en effet, on jette les yeux sur une carte de l'Algérie, on voit que celle-ci est divisée en trois régions parfaitement distinctes, par deux systèmes montagneux, allant de la frontière du Maroc aux limites de la Tunisie. L'une de ces chaînes de montagnes est l'Atlas Tellien, l'autre l'Atlas Saharien ; la chaîne des montagnes du Tell, qui commence par les monts de Tlemcen, au niveau d'Oudjda (Maroc), se continue de l'Ouest à l'Est, presque parallèlement au littoral, par les monts des Beni-Chougran, le massif de l'Ouarsenis, les monts de Titeri, la chaîne des Bibans, les monts des Oulad-Kebbah, les monts de Constantine, pour se terminer près de Ghardimaou par les montagnes qui limitent, vers le Nord, la vallée de la Medjerda.

Ces crêtes principales donnent naissance à des chaînes secondaires qui s'étendent des deux côtés, vers le littoral, où elles forment les deux grands massifs du Dahra et de la Kabylie, et où elles limitent un certain nombre de vallées, comme la plaine du Sig, la vallée du Chélif, la plaine de la Mitidja, les vallées de l'Oued-Sahel, de l'Isser, de l'Oued-Sébaou, de l'Oued-el-Kébir et de la Seybouse, dont les cultures se rapprochent de celles de la Métropole, et où les opérations relatives au bétail doivent se limiter à l'entretien de quelques vaches laitières, à l'élevage de bœufs de travail et de boucherie, dans le voisinage des grands centres, et à l'engraissement des troupeaux de moutons avant leur exportation.

La seconde chaîne de montagnes, c'est-à-dire l'Atlas Saharien, commence entre Figuig et Aïn-Sefra, par les monts des Ksour, et se continue par le Djbel-Amour, les monts des Oulad-Nayl, les montagnes du Zab, le massif de l'Aurès, pour se terminer au-dessous de Tébessa par la chaîne des Némencha, près de la frontière tunisienne.

Entre ces deux systèmes montagneux s'étend une vaste région, dont l'altitude moyenne est d'environ 1,000 mètres, et la superficie de huit millions d'hectares, c'est-à-dire environ la septième partie de l'Algérie. Cette région, d'une largeur de plus de 200 kilomètres sur la frontière du Maroc, entre Sebdou et Aïn-Sfissifa, diminue successivement d'étendue, au fur et à mesure qu'elle se rapproche de la Tunisie ; elle n'est plus en effet que de 150 kilomètres de Tiaret à Aflou, vers la limite de l'Oranais et de la province d'Alger. Au centre de cette dernière, elle ne mesure plus que 120 kilomètres, de Boghari à Djelfa ; enfin, dans la province de Constantine, entre Sétif et Batna, elle est à peine de 100 kilomètres.

De même aussi que cette région varie d'étendue de l'Ouest à l'Est, elle change également d'aspect et de végétation.

Dans la province d'Oran, le sol des Hauts-Plateaux forme une immense plaine dont la vue donne véritablement la sensation du désert. Bien que parfaitement horizontale en apparence, elle est ondulée; mais l'œil manquant de point de repère, ne peut en apprécier ni les creux ni les hauteurs.

Le caratère principal de ces grandes plaines est l'aridité; l'eau ne s'y accumule que dans de petites cuvettes naturelles qui servent à abreuver les troupeaux, et que les indigènes appellent « ghedirs » (ou « oglats », suivant leur étendue).

Au centre de ces plaines, des dépressions naturelles, plus ou moins étendues, reçoivent les eaux pluviales et même les rivières des petites vallées creusées dans les Hauts-Plateaux, pour y former des lacs parfois considérables, qu'on appelle Daya, Sebka, ou Chott, suivant l'étendue de leur surface.

Soit que ces eaux, provenant de la fonte des neiges, aient coulé sur des roches magnésiennes, ou que, par un phénomène de capillarité, elles aient ramené du sous-sol les substances salines solubles, elles renferment des sels de soude et de magnésie qui leur donnent la saveur de l'eau de mer.

Ces petites mers intérieures se retrouvent également, quoique moins considérables, au centre des Hauts-Plateaux, et forment une sorte de chaîne de lacs, depuis le Chott-el-Gharbi, près de la frontière du Maroc, jusqu'au Guérah-el-Tharf, entre Aïn-Beïda et Batna.

Végétation des pâturages.

La végétation de ces immenses solitudes, tout en ayant des caractères communs dans les Hauts-Plateaux des trois provinces, diffère cependant suivant les régions.

Le caractère commun, c'est qu'elle appartient aux familles botaniques dont la croissance se fait en assimilant une quantité plus ou moins considérable de matières salines, comme les atriplex et les salsolacées, auxquelles il faut joindre des plantes aromatiques, des thyms, des lavandes, et surtout l'Artemisia herba alba, chih des Arabes, sorte d'armoise à odeur forte, très recherchée par les moutons. Certaines graminées couvrent également de grandes étendues de terrain : c'est d'abord l'Alfa ou le Sparte, puis le Stipa tortilis parviflora (adjem des Arabes), le Stipa gigantea barbata, qui forment de larges plaques et poussent souvent en gazon très serré.

Les moutons broutent rarement, si ce n'est à l'état jeune, les pousses de ces stipacées; mais elles ont une action toute particulière sur l'état des pâturages dans la région des Hauts-Plateaux, car, à l'abri des touffes d'Alfa ou de Diss, croît une végétation assez dense, courte, souvent de bonne composition fourragère.

Ces plantes, dont la flore utilitaire est assez variée, se développent sous la protection des touffes qui les garantissent de l'insolation directe ; elles se composent de petites graminées des prairies, mélangées à quelques légumineuses appartenant surtout au genre Ononis.

Sur la lisière de la partie montagneuse et des Hauts-Plateaux, la flore fourragère est plus riche et plus développée ; elle est fournie en majeure partie par des légumineuses, trèfle, luzerne, sainfoin naturel, mélangées de plantes inutiles à grande végétation (composées, crucifères et ombellifères).

L'Alfa, le Sparte et les graminées de même nature dominent dans les Hauts-Plateaux de la province d'Oran et d'une partie de la province d'Alger ; elles sont beaucoup moins abondantes dans la province de Constantine, où la végétation des Hauts-Plateaux est extrêmement riche en espèces fourragères et aromatiques, notamment dans la région de l'Est, entre la plaine des Sbakhr et la frontière tunisienne.

Climatologie des Hauts-Plateaux.

Ce qui caractérise la climatologie de la région des Hauts-Plateaux, c'est que, tandis que la région Tellienne est, en général, à température à peu près constante, celle des Hauts-Plateaux s'élève parfois au-dessus de 40 degrés en été, pour descendre à — 13 degrés en hiver ; il en résulte qu'elle est impropre à toute espèce de culture suivie, et que ces steppes ne peuvent être utilisées que comme terrains de parcours, pour des animaux dont le tempérament s'accommode d'une nourriture fourragère peu délicate et dont la soif s'étanche avec de petites quantités d'eau.

C'est donc forcément un pays de parcours pour le mouton ; mais ce parcours ne peut s'opérer que pendant les mois de mars, avril, mai et juin, c'est-à-dire après la fonte des neiges et avant les grandes chaleurs de l'été algérien.

Saisons de transhumance.

Lorsque la température s'est abaissée et que la neige a recouvert le sol, les animaux sont obligés de chercher, vers le Sud, une région dont la température plus clémente a permis aux pâturages de conserver les herbes nécessaires à leur alimentation ; c'est alors qu'ils redescendent de la région des Hauts-Plateaux vers la région Saharienne; pendant les mois d'octobre et de novembre, tout d'abord, ils pacagent dans la partie de la chaîne saharienne située entre Géryville, Djelfa, El-Kantara, Tébessa et les crêtes de l'Atlas saharien, depuis les montagnes des Ksour jusqu'aux monts des Nemencha; puis, quand la température s'abaisse encore, c'est-à-dire pendant les mois d'hiver, décembre, janvier et février, les troupeaux franchissent, par les différentes passes, les montagnes qui bordent le Sahara, et entrent dans la partie du grand désert qui est située entre les montagnes et les oasis de la région Saharienne comprise entre Figuig, Laghouat, Biskra et le Chott-Melghir.

Toutes les montagnes de la chaîne Saharienne renferment des vallées dont les pâturages peuvent alimenter des quantités considérables de troupeaux, et dont la végétation se conserve jusqu'aux mois d'hiver.

Quant à la région du Sahara proprement dite, qui a pour limite extrême Ghardaïa, Touggourt et l'Oued-Souf, elle renferme, pendant les mois d'hiver, décembre, janvier et février, des pâturages assez plantureux pour permettre à des millions de moutons d'y trouver leur nourriture.

Lorsque les chaleurs commencent à se faire sentir dans la région dont nous venons de parler, les nomades remontent avec leurs troupeaux vers la région des Hauts-Plateaux.

Alors, au moment où la végétation se montre de nouveau dans la steppe, les uns traversent les monts des Ksour et remontent, par Aïn-Sefra, vers la région du Chott El-Cherguy; les autres se dirigent sur Géryville, pour remonter vers le Nord, dans la direction de Tiaret, ou vont de Laghouat à Djelfa, puis de Djelfa dans la direction de Boghar, après avoir traversé la chaîne des Oulad-Nayl.

Enfin ceux qui ont hiverné dans la région des Zibans remontent de Biskra vers le Hodna, par Bou-Saâda, et dans la plaine des Sbakhr, par Batna.

Quand les chaleurs excessives arrivent, c'est-à-dire vers juillet, août et septembre, les troupeaux ne trouvant plus sur les Hauts-Plateaux une nourriture suffisante sont forcés de transhumer dans la région Tellienne et de se rapprocher d'une ligne comprise entre Sidi-bel-Abbès, Mascara, Médéa, Aumale, Sétif, Guelma et Souk-Arras.

Lorsque les pluies d'hiver n'ont pas été suffisantes pour arroser la région des Hauts-Plateaux, ou que les chaleurs de l'été ont été élevées au point d'amener la sécheresse absolue dans la région Tellienne, les Arabes qui ont des troupeaux dans cette partie de l'Algérie, comprise entre la frontière marocaine et le méridien de Sétif, c'est-à-dire là où ils sont forcés de pratiquer la grande transhumance, se voient contraints, faute de nourriture sur les parcours et de réserves de fourrages pour passer la mauvaise saison, de vendre leurs troupeaux à vil prix.

La seule région qui puisse résister est celle qui est comprise entre la ligne de Sétif-Batna, d'une part, et la ligne Tébessa-Souk-Arras, d'autre part, à cause de la situation du pays, qui permet de conserver dans les vallées voisines des Hauts-Plateaux de cette région quelques points où l'herbe et le fourrage ne manquent pas absolument.

D'une façon générale, on peut dire que la transhumance est fort limitée et n'existe que sur des surfaces très restreintes dans les Hauts-Plateaux de la région Sétifienne; ce sont surtout les moutons de l'Aurès, du massif de Batna ou du Hodna qui transhument dans le Sud pendant l'hiver.

Dans les provinces d'Alger et d'Oran, les animaux passent la plus grande partie de l'année dans les Hauts-Plateaux; ils quittent cette région pendant les mois les plus chauds et les années sèches pour remonter dans le Tell, où la température est moins élevée. Ils redescendent ensuite vers le Sud où ils arrivent au moment des grands froids, après un séjour plus ou moins long dans les Hauts-Plateaux, guidés seulement dans leur voyage par la façon dont les pluies ont arrosé et fécondé les différentes zones qu'ils peuvent parcourir.

L'année est-elle très froide? ils vont plus bas vers le Sud; la température est-elle moins rigoureuse? ils séjournent davantage au Nord. Lorsqu'ils ont une nourriture suffisante, les troupeaux peuvent supporter sans trop en souffrir un froid assez vif; l'essentiel pour eux est de trouver de l'herbe et un peu d'eau.

Nécessité de l'élevage du mouton.

Il résulte des considérations qui précèdent que, malgré tous les progrès agricoles, quelle que soit la nature des cultures qui puissent être introduites en Algérie, deux immenses régions qui, comparativement à celle du Tell, forment la majeure partie du sol de la colonie, ne peuvent être utilisées que pour la production ovine.

Ces deux régions sont celles des Hauts-Plateaux et du Sahara algérien.

Le problème à résoudre consiste donc, tout d'abord, à permettre aux effectifs ovins qui existent actuellement en Algérie, de se maintenir, même pendant les années de sécheresse et les hivers rigoureux. C'est une des conditions primordiales à remplir pour assurer l'avenir du développement ovin de l'Algérie.

Il faut également, par une sélection rationnelle, améliorer, tant en viande qu'en laine, la qualité de la production ; puis, en outre, rechercher si, par des croiscments pratiqués dans de bonnes conditions, il ne serait pas possible de donner aux troupeaux algériens une valeur qu'ils n'ont pu conquérir jusqu'ici sur les marchés de la Métropole, valeur qui leur permettrait de lutter avec les importations ovines d'Allemagne, de Hongrie et de Russie.

Enfin, il est nécessaire d'étudier à quelles mesures il serait possible de recourir pour arriver à augmenter cet effectif, de manière à permettre à la colonie d'expédier sur les marchés métropolitains une plus grande quantité d'ovinés.

État de la question.

Or, jusqu'ici, malgré les travaux considérables dus aux hommes les plus autorisés, pour traiter ces questions, les efforts qui ont été tentés ont donné des résultats stériles ou à peu près, puisque l'effectif ovin de l'Algérie qui, en 1852, était évalué à dix millions de têtes, dans un rapport fait par le vétérinaire principal Bernis au maréchal Randon, gouverneur général de l'Algérie, est aujourd'hui inférieur ou à peine égal à ce nombre.

Les améliorations à introduire sont, les unes d'ordre général, c'est-à-dire applicables à l'ensemble des troupeaux du territoire, les autres d'ordre spécial et doivent être réservées à certaines régions, dont les conditions de production ne sont pas analogues à celles des régions voisines.

Les mesures d'ordre général qui ont été préconisées par les divers auteurs sont les suivantes :

Assurer la conservation des troupeaux et améliorer leur viande :

1° En combinant les saisons de transhumance avec l'état des ressources fourragères des divers parcours;

2° En constituant des ressources fixes en grains ou en fourrages, soit emmeulés, soit ensilés, à l'effet de combattre les disettes causées par l'absence de pluie, la persistance et l'intensité des chaleurs estivales;

3° En créant, soit par des travaux d'aménagement ou de captage, soit par le creusement de puits artésiens, des points d'eau destinés à abreuver les troupeaux ou à irriguer certaines régions, afin d'avoir des ressources assurées, quelle que soit la variabilité des saisons ;

4° En plaçant les troupeaux à l'abri des intempéries pendant les mois les plus froids, soit en les autorisant à s'abriter dans les bois et taillis des contreforts sahariens, soit en élevant des abris artificiels dans les régions non boisées;

5° En castrant, en temps normal, pour obtenir une viande de meilleure qualité, les agneaux, pour ne conserver, comme béliers reproducteurs, que les mâles les plus parfaits.

Reste la question fort controversée de l'amélioration directe par le croisement, et du choix des races qui devraient être employées à cette opération zootechnique.

Les uns, comme M. Rimbert, par exemple, croient que l'opération du croisement serait de nature à diminuer la force de résistance de la race ovine algérienne, et pensent qu'il faudrait se borner à employer les moyens précités, en y joignant une sélection intelligente destinée à donner à la race indigène, connue sous le .nom de race à fine queue, une plus grande valeur commerciale, tant comme production lainière que comme rendement en viande.

D'autres, comme MM. Bonzom, Rivière et Couput, estiment que c'est au croisement avec les races mérines qui se rapprochent le plus, tant comme aspect extérieur que comme habitude de transhumance, qu'il faut donner la préférence.

Telles sont, Monsieur le Ministre, les divers objectifs vers lesquels nous avons cru devoir diriger nos études, et c'est pour donner une sanction pratique aux diverses opinions qui ont été émises sur les points dont nous venons de parler que nous avons conduit nos investigations au cours de la mission dont vous aviez bien voulu nous charger.

Itinéraire suivi.

Arrivé à Alger le 27 mars, nous nous sommes mis en rapport avec M. le Gouverneur général qui, sur notre demande, a bien voulu nous donner communication d'un dossier contenant tous les travaux, ainsi que les procès-verbaux des discussions auxquelles la question ovine avait donné lieu jusqu'ici dans les Conseils de la colonie.

Après avoir lu rapidement les différentes pièces de ce dossier, nous avons pensé qu'il y avait lieu d'examiner successivement dans les trois provinces, les différents marchés de moutons, afin de nous rendre compte sur place de l'état des animaux et des différentes races mises en vente.

Cette méthode avait le grand avantage de nous mettre en rapport avec les principaux producteurs arabes ou européens, avec les marchands et les emboucheurs de la colonie, et de nous permettre de recueillir les désidérata et les renseignements que les uns et les autres pourraient nous présenter.

MM. Rivière, directeur du jardin d'essai du Hamma; Bonzom, vétérinaire et publiciste à Alger; Bourlier, député; Couput, directeur de la bergerie de Moudjebeur, et Treille, ancien député, professeur à l'Ecole de médecine d'Alger, ont bien voulu nous tracer un itinéraire et nous donner les indications nécessaires sur les agriculteurs et éleveurs des diverses provinces auxquels il serait nécessaire de nous adresser.

Le mouton tunisien.

Tout d'abord, afin de bien fixer notre opinion sur la valeur de la race barbarine à large queue, nous nous sommes rendus dans la région tunisienne pour y examiner des échantillons de cette race, dans le pays où elle existe uniquement et sans croisement.

Nous avons vu, dans les environs de Tunis, de véritables moutons barbarins, élevés et nourris dans les meilleures conditions, et nous avons constaté que, malgré la situation exceptionnelle dans laquelle ils avaient été placés, ces animaux avaient un aspect encore extrêmement défectueux et ne pouvaient être vendus sur un marché européen qu'à des prix dérisoires de bon marché.

La taille de ce mouton est assez élevée et est à peu près la même que celle de nos moutons gascons; la viande en est assez bonne comme saveur, mais l'animal a peu de côtelettes et ses gigots sont fort minces et allongés. Il pourrait donner au maximum 18 kilogrammes en viande nette.

La particularité qui leur fait perdre beaucoup de leur valeur sur les marchés européens consiste dans la largeur de la queue. Cet appendice pèse parfois jusqu'à 8 kilogrammes, mais couramment son poids est de 4 kilogrammes.

Cette exagération de la largeur de la queue n'est qu'apparente jusqu'à un certain point, car si l'appendice caudal dépouillé de la peau est notablement plus large que celui des autres espèces ovines, le développement extraordinaire constaté sur l'animal non dépouillé est dû surtout à la présence, de chaque côté de la base de la queue, de masses ou poches adipeuses extrêmement volumineuses.

Nous ne pensons pas, contrairement à l'opinion émise par divers auteurs, que cette exagération ne soit due qu'aux alternatives de disette amenées par la sécheresse suivies d'une alimentation excessive et que les masses adipeuses ne se forment plus lorsque, depuis un certain nombre de générations, la race habite des localités où ces alternatives ne se présentent point.

Nous avons vu, en effet, des moutons barbarins provenant d'animaux élevés depuis un certain nombre de générations dans des exploitations agricoles où ils étaient nourris convenablement toute l'année sans être assujettis aux fatigues et aux privations de la transhumance et ils présentaient constamment le phénomène de la large queue qui est la caractéristique de la race des moutons tunisiens. (Les camées antiques représentant le mouton à large queue, tel que nous le voyons aujourd'hui, indiquent bien la pérennité de la race.)

Ces animaux ont une laine longue et assez fine, qui se rapproche de la laine des mérinos; la toison est bien fournie, mais la dépréciation qu'ils subissent sur les marchés, par suite du défaut de rendement en viande nette et de la présence des poches adipeuses, ne peut être compensée par la meilleure qualité de la laine. C'est une race ovine qui, dans l'intérêt même de la colonie, devrait disparaître pour être remplacée par une autre race naturelle ou croisée donnant un meilleur rendement en viande (1).

Région de Tébessa.

Nous insistons surtout sur les mauvaises qualités du mouton tunisien, parce que cette race, dont nous avons remarqué de nombreux individus sur les marchés voisins de la frontière, à Souk-Arras, à Aïn-Beïda, à Tébessa, vient continuellement, par suite des expéditions tunisiennes, se mélanger avec les bonnes variétés algériennes et produit des croisements qui font perdre aux moutons de cette provenance une notable partie de leur prix normal.

D'autre part, dans les vallées situées au-dessous de Guelma et de Souk-Arras, où les qualités spéciales des pâturages devraient permettre de réaliser de notables bénéfices par l'élevage et l'engraissement des moutons, on ne voit que des types absolument défectueux et d'une valeur tout à fait inférieure à celle des autres moutons de la colonie, autant par le croisement avec le barbarin qu'à cause de la mauvaise qualité de la race locale elle-même.

Cependant toute la région qui est comprise entre Batna, Tébessa, Guelma et Souk-Arras, devrait donner les plus belles qualités de mou-

---

(1) Il résulte de renseignements qui nous ont été envoyés récemment de Tunisie, que les croisements successifs avec les béliers mérinos de la Crau ont fait rapidement disparaître la grosse queue sur les produits de ces croisements, dans plusieurs exploitations.

tons de toute l'Algérie, comme elle en nourrit la plus forte quantité, à cause des ressources produites par le sol de ses Hauts-Plateaux, essentiellement différentes de celles des Hauts-Plateaux de la province d'Alger et du Sud-Oranais ; parce qu'aussi la transhumance y est peu étendue, la nature des fourrages de qualité bien supérieure et que les réserves en eau, entretenues par le voisinage de l'Aurès, y manquent rarement.

Nous souhaitons vivement qu'on encourage dans cette région les améliorations à apporter à la race ovine et sur lesquelles nous avons voulu nous renseigner plus particulièrement par les opinions des agriculteurs autorisés de la partie orientale de la province de Constantine.

Nous avons vu, notamment, M. Alexandre Guiraud, secrétaire du Comice agricole de Guelma, meunier-agriculteur à Héliopolis, et M. Rouyer, agriculteur à Hammam-Meskoutine.

Ces éleveurs n'hésitent pas à affirmer que de notables améliorations pourraient être apportées tant à la production qu'à la qualité même des races ovines indigènes.

Opinion de M. Rouyer d'Hammam-Meskoutine.

M. Rouyer croit que les moutons algériens ont été mal cotés jusqu'ici par le fait de l'insouciance et de l'ignorance des indigènes, et il estime que c'est là surtout qu'il faut frapper, car l'Arabe produira toujours la presque totalité du mouton d'importation. Il dit qu'il faut d'abord faire disparaître des troupeaux indigènes les moutons grossiers à laine jarreuse ou à grosse queue, en élevant l'impôt dont sont frappés ces animaux, tandis qu'il faudrait abaisser la taxe ou la supprimer pour les croisements de race mérine et les barbarins à queue fine.

Il pense aussi qu'il faudrait faire pratiquer la castration précoce de tous les sujets non destinés à la reproduction.

Il voudrait, de plus, qu'on imposât aux indigènes la construction, sur les Hauts-Plateaux, à différentes distances, de petits abris en paille de Diss, dont la toiture reposerait sur de petites murailles en pierres sèches, construction peu coûteuse et suffisante pour garantir les troupeaux pendant les mauvais temps d'hiver.

Enfin, il faudrait, ajoute-t-il, amener les Arabes à opérer quelques réserves de fourrages secs en vue de faire passer aux troupeaux les temps les plus durs, sans être obligés de s'en défaire à vil prix.

Notre sensiblerie française gêne parfois le zèle de nos agents les mieux intentionnés et il serait bon, dans la circonstance, de laisser à ceux-ci un peu de latitude. Compter sur leur éloquence et leur faculté de persuasion pour agir sur des gens aussi réfractaires aux idées de progrès que le sont les Arabes, serait se préparer d'amers déboires. Au contraire, lorsque les indigènes sont convaincus que l'autorité veut résolûment une chose, que cette mesure leur est prescrite et non conseillée, ils cessent de résister et se prêtent de bonne volonté à tout ce qu'on veut. C'est seulement en tenant compte de cet état d'esprit qu'on obtiendra des résultats appréciables.

En ce qui concerne les améliorations à apporter à la race elle-même, M. Rouyer pense qu'on arriverait facilement à donner à la race barbarine à fine queue une grande augmentation de valeur par le croisement.

Les essais de croisement de M. Rouyer.

M. Rouyer est possesseur d'un troupeau de moutons de race indigène sur lequel il a fait des essais de croisement avec un mérinos de Rambouillet, un bélier de la Crau, et un mérinos sans cornes du Soissonnais; il nous a montré les différents produits obtenus qui nous ont paru très satisfaisants pour les croisements provenant du bélier de la Crau et du mérinos sans cornes.

Les produits du Rambouillet ont été défectueux et cet étalon est mort au bout de peu de temps, atteint par la phtisie.

Nous devons à l'obligeance de M. le docteur Piot, médecin-major détaché à Hammam-Meskoutine, des photographies qui donnent quelques-uns des types du troupeau de M. Rouyer.

Région des Zibans.

Après avoir examiné la région orientale du département de Constantine, nous avons désiré visiter la partie des Hauts-Plateaux comprise entre Aïn-Mlila et Batna, puis nous nous sommes dirigé sur Biskra, afin de connaître, dans la saison où les moutons n'avaient pas encore transhumé vers le Nord, la nature des pâturages.

Nous avons examiné, notamment, les points des oasis des Zibans compris entre Sidi-Okbah et le col de Sfa.

La flore de ces régions se compose d'un certain nombre d'arbustes de taille peu élevée, appartenant surtout aux genres *atriplex*, *salsola* et *genista*, autour desquels végètent de nombreuses petites plantes du genre *astragalus*, *ononis*, *medicago*, *onobrychis*, *Anthyllis*, etc., et des graminées de petite taille, qui forment des tapis et des plaques plus ou moins épaisses ou étendues dans la saison des pluies.

Cet endroit renfermait encore un grand nombre de troupeaux dont une partie était dirigée journellement sur les marchés d'Aïn-Mlila, du Kroubs, de Batna, ou vendue, pour la consommation locale, sur le marché de Biskra, et dont l'autre partie se préparait à transhumer vers les Hauts-Plateaux situés de l'autre côté des monts du Zab.

Moutons des Zibans.

Nous avons pu voir plusieurs lots des moutons des Zibans sur le marché de Biskra et en faire photographier différents types.

Ces animaux sont de bonne taille, le squelette est fort, trop fort même, mais ils sont absolument défectueux comme gigots et comme côtelettes, bien qu'étant en très bon état d'engraissement. La queue, sans être aussi fine que celle des mérinos français, diffère totalement de l'énorme appendice caudal du mouton tunisien ; mais la laine en est moins fine et un peu jarreuse.

La plupart des animaux mis en vente étaient des béliers pourvus de cornes très fortes, bien écartées de la face, mêlés avec des moutons, castrés ou bistournés à un âge trop avancé pour que cette opération ait pu influer sur la qualité de la viande et atténuer le développement des cornes.

Il est clair que ces animaux rentrent dans la catégorie de ceux auxquels un croisement avec une race mérine à grande transhumance pourrait donner une augmentation de valeur de plus d'un quart, surtout si on y joignait la castration pratiquée au moment normal : en admettant cependant qu'une sélection intelligente des femelles ait précédé la fécondation par les étalons étrangers.

Mais il est bien certain que ces opérations de croisement ne donneront que des résultats absolument défectueux ou insuffisants si on persiste à conserver dans ces troupeaux des béliers arrivés à la puberté et capables de féconder les brebis au fur et à mesure qu'elles se prêteront à la lutte.

Marché du Kroubs.

Nous avons ensuite quitté la région des Zibans et nous sommes remonté jusqu'au Kroubs pour assister au marché du vendredi, lequel est approvisionné par toute la région comprise entre Constantine et El-Kantara.

Nous avons rencontré sur ce marché M. Ferrier, vétérinaire sanitaire de Constantine; M. Chanard, conseiller général et agriculteur de cette contrée, ainsi que M. Rimbert, un des agriculteurs les plus notables de Châteaudun du Rümmel, actuellement président du Syndicat agricole de Constantine.

La période du Ramadan avait ralenti singulièrement les apports de bétail; trois mille moutons environ étaient exposés en vente, la plupart de qualité très inférieure et présentant les caractères du croisement de la race indigène à queue fine, avec le mouton barbarin à large queue. Ils étaient vendus, vu la rareté de la marchandise, de 21 à 22 francs la pièce, et en grande partie pour la boucherie locale.

Quelques lots étaient achetés par les emboucheurs de la vallée du Rümmel, pour être dirigés ensuite, après engraissement, sur Philippeville.

Mais nous devons noter à ce propos que les opérations d'embouche, autrefois très fructueuses pour les colons des vallées voisines de Constantine, deviennent de moins en moins lucratives à cause du peu d'écart entre le prix de la marchandise maigre et de l'animal engraissé, d'où la nécessité, pour la plupart des colons, de changer leur mode d'opérer et de se retourner vers l'élevage des troupeaux.

Opinion de M. Rimbert, président du Syndicat agricole de Constantine.

M. Rimbert est un partisan très déterminé de l'amélioration de la race indigène par la sélection, sans aucune espèce de croisement, il pense qu'il faut se contenter d'enseigner aux indigènes à choisir soigneusement les reproducteurs de leurs troupeaux parmi les meilleurs béliers, en faisant castrer tous ceux qui ne sont pas indispensables à la lutte, attendu que les Arabes n'ont ni abris ni réserves de fourrages.

Nos ovins algériens, dit-il, sont des bêtes par excellence, dans les conditions d'élevage existant aujourd'hui; tout ce que nous devons souhaiter, c'est de pouvoir fournir à la France des animaux à petites cornes et à fine queue parfaitement engraissés. Quant à la laine, elle ne doit venir qu'en dernière ligne.

Cette laine, d'ailleurs, c'est-à-dire celle des moutons de Constantine-Sétif, a été payée, cette année, de 127 à 132 francs le quintal, tandis que la laine des moutons d'Alger s'est vendue de 100 à 105 francs et la laine d'Oran de 85 à 90 francs.

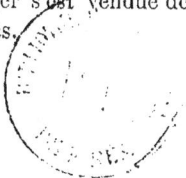

2

La production en laine des moutons de la Crau, ainsi que leur rendement en viande nette, sera certainement inférieur au rendement de nos barbarins en bon état de graisse et venant de troupeaux bien tenus.

Nos moutons, ajoute-t-il, ayant subi toutes les rigueurs de l'hiver sans abri, avec une nourriture insuffisante, arrivent à un état de maigreur très grand.

Deux mois de printemps dans les pauvres pâturages des Hauts-Plateaux suffisent pour les livrer en bon état à l'exportation, tandis que des croisés mérinos arrivés à cet état de maigreur ne se relèveraient pas.

En résumé, M. Rimbert et le groupe important d'agriculteurs dont il représente les idées, estiment qu'il faut s'en tenir à une sélection bien entendue et qu'après les insuccès des croisements de Rambouillet, il ne faut pas courir de nouveaux risques avec les croisements provenant d'autres espèces mérines.

Opinion de M. Ferrier, vétérinaire départemental à Constantine.

M. Ferrier et M. Chanard, qui représentent les idées de la Société d'Agriculture de Constantine, se sont, au contraire, déclarés partisans des croisements avec certaines espèces mérines ; ils donneraient la préférence aux mérinos sans cornes de la Côte-d'Or et du Soissonnais ; mais ces Messieurs estiment : que les essais de croisement doivent être tentés surtout chez les colons européens habitant dans le voisinage des Hauts-Plateaux et ayant des exploitations capables de fournir des réserves fourragères pendant les périodes où le parcours ne peut s'effectuer.

En ce qui concerne les troupeaux arabes, ils pensent qu'il serait imprudent ou inutile de confier aux propriétaires de ces troupeaux des béliers de race mérine tant qu'une amélioration suffisante n'aura pas été apportée dans le choix des brebis reproductrices et tant que la castration n'aura pas débarrassé le troupeau de béliers sans valeur.

Il est impossible, disait M. Ferrier, d'arriver à un résultat convenable tant qu'on n'aura pas éliminé des troupeaux les animaux qui se rapprochent plus ou moins complètement du barbarin tunisien à large queue.

M. Ferrier insiste surtout sur la nécessité de créer dans les Hauts-Plateaux, notamment dans la région du Hodna, des points d'eau au moyen de puits artésiens donnant des sources à écoulement constant, mais il s'élève avec force contre la création de mares artificielles, attendu que les mares (ou ghedirs) naturelles sont déjà assez dangereuses par elles-mêmes sans chercher à constituer de nouveaux réservoirs de nématodes et de bacilles, destinés à propager la bronchite vermineuse et les maladies contagieuses, d'un troupeau à un autre.

Ce que veut l'honorable vétérinaire, c'est la création, autour de sources à écoulement constant, de très petits bassins peu étendus et peu profonds, dont l'eau se renouvellerait assez fréquemment pour ne point servir de milieu de fermentation, et de véhicule permanent aux épizooties.

Visite à Saint-Donat.

Du Kroubs, nous nous sommes transporté à Saint-Donat, petit village à l'origine de la vallée du Rümmel, entre Sétif et Constantine, situé à cheval sur la grande ligne d'Alger-Constantine et sur la route de Sétif à Constantine, au bord de la zone des Hauts-Plateaux.

Notre but, en allant à Saint-Donat, était d'examiner les troupeaux d'un des agriculteurs les plus méritants de la région de Constantine-Sétif.

Propriété de M. Léon Larrey.

M. Léon Larrey s'est établi, en 1883, à Saint-Donat, auprès d'un village de colonisation créé pour les Alsaciens, dont la plupart avaient abandonné leur demeure, après avoir vendu leurs concessions.

Progressivement, c'est-à-dire de 1883 à 1885, M. Larrey a acheté une étendue de terrain d'une contenance de 2,000 hectares. Avec un zèle et une compétence auxquels nous ne saurions donner trop d'éloges, M. Larrey a complètement transformé ses terrains, et nous avons pu admirer de belles cultures et de nombreux troupeaux dans ce village, qui était autrefois voué à la misère et à la paresse.

Non-seulement M. Larrey a été un novateur intelligent pour les terres qu'il possède, mais il a donné aux quelques colons restés dans le village des exemples salutaires et des encouragements matériels qui n'ont point été perdus.

Le cadre limité de ce travail ne nous permet pas de détailler tout ce qu'a fait M. Larrey : irrigations, création de prairies naturelles et artificielles, établissement d'un moulin sur la rivière, plantations de vignes donnant un vin très supérieur à ceux que nous avons goûtés dans certaines régions pourtant très réputées de l'Algérie, amélioration de la race bovine du pays et création d'un joli troupeau renfermant des croisements de la race de Guelma avec certaines races françaises.

Mais M. Larrey s'est surtout occupé d'un point qui nous touchait plus particulièrement, la création d'une bergerie pour l'élevage et l'engraissement du mouton.

M. Larrey est propriétaire d'un troupeau de 2,000 têtes ; il nous en a montré quelques échantillons composés de 200 ou 300 têtes.

Croisements opérés par M. Larrey.

M. Larrey s'est surtout appliqué à choisir, pour composer son troupeau fixe, de bons béliers du pays à cornes peu prononcées, à queue fine, et comme brebis : ces jolis animaux à face blanche, à tête fine, aux reins solides, qui peuvent soutenir la comparaison avec certaines de nos races françaises. Il a eu soin de faire castrer ses agneaux de très bonne heure ; de plus, ses troupeaux sont abrités dans de bonnes bergeries. Une luzernière de 40 hectares et 10 hectares de prairies naturelles lui permettent de constituer de fortes réserves fourragères pour parer aux éventualités de la sécheresse ou de l'hivernage.

Il y a eu là des opérations de sélection faites très sérieusement et qui ont amené dans le troupeau de M. Larrey des améliorations d'autant plus sensibles qu'il nous était facile d'établir des points de comparaison, ainsi que nous l'avons fait, en allant visiter les troupeaux arabes dans les Hauts-Plateaux voisins du domaine de M. Larrey.

Troupeau de Mohamed-ben-Bouzidy.

Nous avons examiné notamment des troupeaux d'un riche indigène, Mohamed-ben-Bouzidy. Ces animaux, qui avaient campé dehors, sans abri, pendant les pluies des jours précédents, étaient couverts de boue, les mèches de laine complètement agglutinées. Ils appartenaient à une des bonnes variétés de barbarins à fine queue, car l'ensemble renfermait fort peu de croisements avec le mouton tunisien ; leur état de maigreur indiquait combien ces animaux avaient dû souffrir des intempéries et du manque de nourriture pendant l'hiver.

Il y avait donc entre le troupeau de M. Larrey et celui de cet indigène une notable différence en faveur du premier. Cependant, malgré les améliorations dues à la sélection, les moutons dont il est question étaient encore de ceux qui, sur les marchés métropolitains, auraient été classés en troisième ou quatrième catégorie ; car quelle que soit la sélection, le mouton algérien, même de la meilleure variété, péchera toujours par la minceur des gigots et par la petitesse des côtelettes.

Cela tient à sa conformation elle-même, que la sélection ne pourrait certainement pas changer, si ce n'est après des efforts très longs et très coûteux.

M. Larrey pense, en effet, qu'il est nécessaire et avantageux de recourir au croisement et il a déjà constitué un commencement de troupeau croisé dont les résultats sont extrêmement encourageants et nous ont vivement intéressé.

Opinion de M. Larrey.

Nous avons désiré connaître l'opinion personnelle de l'honorable agriculteur sur les moyens de reconstituer et d'améliorer le troupeau algérien. Il pense qu'il faut tout d'abord s'adresser à l'indigène, qui a provisoirement le monopole de l'élevage ; il estime que le goût des propriétaires indigènes pour les distinctions honorifiques pourrait être exploité en accordant des récompenses à ceux qui feraient dans leurs troupeaux les opérations de sélection, qu'il considère comme la première étape à accomplir avant de passer aux croisements.

Beaucoup d'Arabes, voisins de M. Larrey, ont commencé à construire des abris ; les plus attentifs d'entre eux, voyant les résultats obtenus par les croisements mérinos, ont demandé à acquérir de leurs deniers des béliers métis provenant des croisements opérés chez cet éleveur.

C'est un élan naturel qui prouve que les exemples de zootechnie rationnelle ont une certaine influence sur les indigènes.

Cette influence serait certainement augmentée, dit M. Larrey, par le système des bergeries communales. Le colon français, en général, s'est borné jusqu'ici à acheter les moutons maigres pour les emboucher et les revendre aux exportateurs. Les capitaux lui manquent pour faire des opérations d'élevage qui nécessitent l'achat ou la location de grandes propriétés et une mise de fonds considérable pour acquérir un troupeau fixe.

Cet élevage, au dire de M. Larrey, ne pourra se développer tant qu'une institution de crédit essentiellement agricole n'aura pas été constituée pour permettre à de nombreux agriculteurs de sortir d'une indifférence uniquement entretenue par les exigences des institutions de crédit algériennes, au point de vue du taux de l'intérêt.

Visite à Sétif.

Nous avons tenu à visiter également les environs de Sétif, centre d'une région ovine importante, où se tient un marché de moutons ordinairement très abondant.

Nous avons rencontré à Sétif M. Viguier, un des gros propriétaires éleveurs de la région; M. Niocel, meunier-agriculteur près de Sétif; M. Schwarz, président du Comice agricole et ancien directeur de la Société genévoise; M. Martinet, vétérinaire et président du Syndicat agricole, et M. Lagarde, maire de Sétif.

M. Viguier et M. Niocel ont, les premiers dans la contrée, préconisé le croisement de la race indigène avec les béliers mérinos.

Croisements opérés par M. Niocel.

Nous sommes allé visiter l'exploitation de M. Niocel, qui nous a fait voir ses troupeaux. M. Niocel possède comme reproducteur un bélier Rambouillet fourni par Moudjebeur.

Cet animal demande de grands soins; il est peu ardent à la lutte et ses produits sont très inférieurs à ceux donnés par les autres reproducteurs et notamment par les mérinos de la Crau, qui se sont très bien acclimatés chez M. Niocel, ont été très aptes à la lutte et ont donné des croisements à toison sans plis, d'apparence excellente. Mais les meilleurs résultats proviennent d'un mérinos sans cornes, croisé arabe. Des agnelles d'un an, provenant de ce croisement, ont donné une laine très fine, et 18 kilos de viande nette, sans avoir reçu de nourriture supplémentaire.

M. Viguier a également obtenu de très bons résultats par les croisements de brebis indigènes avec des mérinos sans cornes de la Côte-d'Or.

Nous ne saurions également omettre de mentionner les travaux dignes d'intérêt de M. Tardieu, administrateur de la commune des R'hiras, qui a établi à Aïn-Oulmen une des premières bergeries communales préconisées par M. Couput.

Le Syndicat agricole de Sétif.

Ces différentes expériences ont eu une influence si considérable sur l'opinion des agriculteurs, nous a dit M. Martinet, président du Syndicat agricole, que ce Syndicat, sans avoir recours à l'Etat, a acheté directement 45 agneaux et agnelles de la Crau, pour constituer lui-même un troupeau de reproducteurs.

Cette opinion est également celle de M. Lagarde, agriculteur et maire de Sétif.

Opinion de M. Schwarz, président du Comice de Sétif.

M. Schwarz, au contraire, ne pense pas que les croisements de mérinos soient appelés à produire une grande amélioration dans la race indigène ; il nous a soutenu, avec la même abondance d'arguments, les opinions déjà mentionnées de la part de l'honorable M. Rimbert.

Il pense que, mis dans de bonnes conditions, les troupeaux indigènes changeraient entièrement d'aspect au bout de deux ou trois générations, tandis que les croisements avec les mérinos feraient perdre à la race indigène une partie de sa rusticité, sans donner des avantages appréciables sous le rapport de la production en viande et en laine.

Plusieurs des personnes présentes ont fait cependant observer à M. Schwarz que les améliorations obtenues dans la qualité de la laine et même dans la production en viande des troupeaux indigènes des environs de Sétif, provenaient de l'infusion du sang mérinos, par suite de l'introduction, en 1860, de mérinos sans cornes de la Côte-d'Or, amenés par la Société genévoise.

La plupart des moutons de la région Sétifienne doivent donc leur supériorité à une infusion plus ou moins intense du sang mérinos dont l'influence s'est parfaitement conservée.

M. Schwarz lui-même avait, en 1870, un troupeau de croisés mérinos qui avait très bien réussi dans le pays. Ce troupeau a été vendu à cette époque à un indigène, Imbri-ben-Mahadi, domicilié entre Aïn-Arnat et El-Anasser. Le type mérinos s'est parfaitement conservé dans ces moutons, malgré les métissages successifs.

Actuellement encore, dans tout le pays Sétifien, on voit un grand nombre de béliers sans cornes, dans les troupeaux indigènes, provenant de croisements avec les mérinos de la Côte-d'Or.

Opinion de **M**. Bigonnet, membre du Conseil supérieur de l'Algérie.

M. Bigonnet, maire de Bordj-bou-Arreridj et membre du Conseil supérieur de l'Algérie, est également partisan du croisement avec la race mérine, mais il pense que c'est surtout par le colon que cette amélioration doit être effectuée. Il faudrait, dit-il, encourager l'initiative privée, notamment dans la région de Sétif, par la création de points d'eau nombreux sur le plateau du Hodna, qui rendraient de très grands services, en permettant de faire transhumer les moutons pendant la saison d'été sur le plateau dans toute l'étendue duquel les sondages artésiens peuvent faire découvrir des sources jaillissantes. En effet, l'eau y est pour ainsi dire à fleur de terre et bien préférable à celle qui provient des pluies, tellement chargée de soude et de magnésie, par suite de son séjour sur la surface du sol où elle forme le grand Chott-el-Hodna, qu'elle ne peut être bue par les animaux.

On pourrait, de cette façon, créer là de grands pâturages pour les troupeaux, où ils trouveraient le Guet-taf (ou *atriplex halymus*) qui ressemble tant au salt-bush des Australiens, et le Chih ou armoise blanche qui forment la base de la nourriture des ovinés de ces régions algériennes.

M. Bigonnet désirerait également que l'Administration forestière fût un peu plus tolérante, et que, tout en proscrivant les chèvres dans les bois voisins des Hauts-Plateaux, elle permît, pendant les ardeurs estivales, d'abriter les troupeaux de moutons à l'ombre des futaies, quand la coupe n'en est pas récente.

Visite à la bergerie de Moudjebeur.

Notre visite dans les principaux points de la province de Constantine étant achevée et nous ayant permis d'entendre des opinions diverses émanant d'hommes autorisés par leur science agricole et par la connaissance de la colonie, nous avons prié M. Couput de nous faire visiter la bergerie de Moudjebeur, qui est le réservoir des animaux destinés aux croisements.

Nous avons profité, pour faire cette visite, de celle qui y était projetée également par la Commission chargée de choisir dans le troupeau de cette bergerie les reproducteurs destinés à être distribués aux éleveurs ou envoyés dans les bergeries communales.

Nous avons été heureux de cette coïncidence qui nous a permis de recueillir des indications extrêmement intéressantes sur l'Algérie en général et sur la question ovine en particulier de deux savants algériens, mon collègue, M. Bourlier, et M. le vétérinaire Bonzom.

Un chef indigène, Ali-ben-el-Bey, caïd des Aziz, qui faisait également partie de la Commission, nous a donné aussi des renseignements fort précieux sur la manière dont quelques indigènes intelligents et progressistes savent mettre à profit les exemples qui leur sont donnés par les colons européens pour l'élevage du mouton.

Marché de Bouffarik.

En allant à Moudjebeur, nous avons tenu à visiter le marché de Bouffarik, afin d'établir la différence entre la production ovine des deux provinces d'Alger et de Constantine.

Les moutons que nous avons vus sur ce marché étaient à peu près semblables à ceux des environs de Sétif, mais avec une toison moins fine et plus de maigreur ; ils se ressentaient de la sécheresse persistante de l'hiver dans le Tell, où ils avaient séjourné. Il n'en était pas de même des moutons que nous avons rencontrés sur notre route et qui provenaient du marché de Boghari, où ils avaient été conduits par des indigènes, après avoir transhumé durant les mois d'hiver dans la région Saharienne ; ceux-ci étaient généralement en bon état de graisse et pouvaient être livrés à la boucherie.

Mais à Bouffarik comme à Boghari, nous avons retrouvé dans les animaux mis en vente le même défaut qui fait perdre aux moutons algériens 8 à 10 centimes par kilogramme sur les cours de moutons similaires, nous voulons parler de l'absence de castration ou de la castration faite sur le bélier au moment de sa mise en vente.

Bergerie de Moudjebeur.

La bergerie de Moudjebeur est un domaine de 950 hectares, sur l'ensemble desquels 350 sont impropres à la culture.

Elle est située au confluent du Chélif et de l'Oued-el-Hacoum, dans la vallée formée par cette seconde rivière, au pied des derniers contreforts des montagnes du Tell et à l'entrée des Hauts-Plateaux de la province d'Alger.

Son climat est déjà fortement influencé par celui des steppes qui commencent à une quinzaine de kilomètres plus loin.

De 1882 à 1891, des améliorations culturales extrêmement importantes ont été apportées dans le domaine et ont permis d'y récolter du blé, de l'orge, de l'avoine et des fourrages en quantités suffisantes pour nourrir les animaux pendant la saison où ils ne peuvent pacager, ce qui a donné le moyen de diminuer dans des proportions considérables le prix de revient par tête de chacun des animaux destinés à être distribués ou à entrer dans l'effectif du troupeau.

Troupeau de Moudjebeur.

Cet effectif était, en 1891, de 1,400 têtes, non compris les animaux distribués antérieurement et dont le nombre s'est élevé à 745, de 1888 à 1891.

Au moment de notre visite, le troupeau de Moudjebeur comprend 1,433 têtes dont il faut déduire 143 animaux de race caprine, ce qui donne pour la race ovine près de 1,300 têtes.

Cet ensemble se compose d'animaux assez disparates : race de Rambouillet envoyée par la bergerie de Rambouillet ; race croisée Crau-Rambouillet ; mérinos sans cornes de la Côte-d'Or et du Soissonnais, et même quelques croisés de mérinos anglaisés de south-downs achetés comme south-downs purs.

Les frais de personnel pour l'entretien de ce troupeau sont considérables, et M. le Directeur de l'Agriculture, dont la visite à la bergerie de Moudjebeur a suivi de près la nôtre, a pu se rendre compte par lui-même des simplifications qu'il serait nécessaire d'y apporter.

Nous nous permettrons seulement d'insister sur la nécessité de la suppression de certains services accessoires et surtout de l'école de bergers arabes annexée à l'établissement. Il est, en effet, de notoriété publique que les indigènes sortis de Moudjebeur, sachant parler le français et ayant acquis quelques connaissances élémentaires, ne restent point bergers, qu'ils cherchent au contraire à exploiter les notions acquises à la bergerie pour occuper de petits emplois administratifs dans la colonie.

A notre avis, la bergerie de Moudjebeur, pour rendre les services qu'on en attend, ne peut et ne doit être qu'un simple établissement d'élevage ou d'acclimatation pour les reproducteurs à distribuer chaque année ; elle pourrait certainement, avec les ressources alimentaires dont elle dispose et une dépense modérée par an, donner pendant chaque exercice 400 à 500 béliers aux éleveurs algériens ou aux bergeries créées par les communes. En ce qui concerne le troupeau, nous faisons une première observation basée sur son manque d'homogénéité ; sa composition se ressent évidemment des tâtonnements et des tentatives plus ou moins heureuses faites en Algérie dans des croisements avec les races européennes.

Les Rambouillet.

On trouve, en effet, dans le troupeau, 39 béliers Rambouillet et 56 brebis de la même race provenant du troupeau français.

Les renseignements que nous avons recueillis partout sont absolument défavorables au croisement avec les Rambouillet purs, car 25 % seulement des étalons donnés aux éleveurs ont rendu quelques services, 50 % ont été impropres à la monte ou ont donné de mauvais résultats, et 25 % sont morts.

Ceux qui sont encore dans la bergerie présentent beaucoup de non-valeurs, et l'aspect du troupeau obtenu est de nature à déconseiller la continuation d'une tentative aussi coûteuse qu'inutile.

Croisement Crau-Rambouillet.

Il n'y a plus aujourd'hui à la bergerie de Moudjebeur de mérinos de la Crau purs. Ceux-ci ont été distribués depuis longtemps ; ils ne sont plus représentés que par un troupeau de croisement obtenu par les béliers de la Crau avec les brebis Rambouillet. Ces croisements nous ont paru bien réussis ; les béliers métis ainsi obtenus ont une taille un peu supérieure aux béliers de la race Crau pure, ils ne présentent point les plis des Negretti-Rambouillet et leur laine participe de la finesse des belles races mérines.

Leur acclimatation dans les pâturages de Moudjebeur est une garantie de leur résistance au climat et aux fatigues de la reproduction ; nous ne leur ferons qu'un reproche, c'est d'avoir conservé les cornes des Rambouillet avec leur énorme développement dont la pousse, en absorbant une quantité considérable d'éléments azotés, nuit à la précocité de cette espèce ovine sur laquelle nous donnerions la préférence à la race pure de la Crau.

Mérinos sans cornes.

Nous avons également vu à Moudjebeur un troupeau de 230 têtes provenant des mérinos sans cornes ; 24 béliers et 112 brebis achetés en France, dans la Côte-d'Or.

Ces animaux sont en bon état, et leurs produits distribués à divers éleveurs ont déjà permis de constater des résultats encourageants, tant au point de vue du rendement en viande de l'animal que de sa précocité, précocité et qualité de viande qui permettent à nos Châtillonnais et à nos Soissonnais de soutenir la comparaison avec les races anglaises Leicester ou South-down.

Ces animaux paraissent s'acclimater très facilement à Moudjebeur, et leurs produits sont assez remarquables pour que les éleveurs aient demandé, de préférence, des mérinos sans cornes, à la bergerie.

Nous ne ferons qu'un reproche au troupeau sans cornes de Moudjebeur : c'est que, à côté des reproducteurs pris dans les bonnes bergeries du Châtillonnais ou du Soissonnais, on ait acheté, par raison d'économie, des animaux de qualité secondaire qui pourraient être excellents comme bêtes de boucherie, mais qui ne devraient point figurer dans un troupeau modèle.

L'alimentation du troupeau, ainsi que nous l'avons dit plus haut, est assurée pendant une partie de l'année par le pacage dans les terrains de parcours appartenant au domaine ; mais cette alimentation ne serait pas suffisante et il faudrait faire transhumer le troupeau pendant une partie de l'année, si on ne constituait des réserves de fourrages provenant tant des prairies naturelles que des prairies artificielles.

Parmi les herbes qui poussent naturellement dans les jachères pendant les années pluvieuses, celles qui y dominent, graminées grossières, grandes composées, chardons, rumex et diverses chénopodées, donnent un fourrage très peu délicat, dont les ovins ne s'accommoderaient certainement pas, tandis que ces herbes ensilées et livrées à la fermentation sont très avidement absorbées par les moutons, ainsi que nous avons pu nous en rendre compte pendant notre séjour à Moudjebeur.

D'autre part, la sécheresse extrême du climat est un grand obstacle à l'emmeulage, car les fourrages mis en meules et réduits à l'état de menus fragments sont emportés par le vent ou réduits à l'état pulvérulent, tandis que les plantes ensilées conservent toujours une certaine humidité qui est précieuse dans une région aussi sèche ; les essais d'ensilage faits par M. Couput ont été excellents et sont de nature à servir d'exemple à tous les colons algériens qui voudraient faire l'élevage du mouton en évitant les dangers et les ennuis de la transhumance pour leurs troupeaux.

Hauts-Plateaux de la province d'Alger.

Nous avons profité de notre présence dans les environs des Hauts-Plateaux de la province d'Alger, pour aller visiter la partie de cette région située au-dessous de Boghari et nous avons suivi, jusqu'à Bou-Ghezoul, la route qui, de Boghari, conduit à Djelfa en traversant les Hauts-Plateaux de la province d'Alger; là, nous avons pu nous rendre compte des difficultés inhérentes au problème ovin en Algérie, en voyant ces immenses plaines argileuses complètement nues, dépourvues de toute trace de végétation, par suite de la sècheresse de l'hiver.

Lorsqu'en effet des pluies abondantes ne sont point tombées en décembre, janvier et février, dans ces régions absolument sèches, nulle trace de végétation n'existe tant que le sol n'a pas été humidifié. Viennent des pluies tardives, c'est-à-dire comme celles de cette année, arrivant en avril; les petites herbes et les petites légumineuses dont les graines sont déposées dans le sol, germent et croissent rapidement, et, en peu de jours, le sol de la steppe est recouvert d'un immense tapis de verdure. Mais comme cette végétation est tardive et que les chaleurs arrivent de suite, les graminées comme les autres plantes, au lieu de pousser en hauteur, fleurissent au bout de quelques semaines et se mettent rapidement à graines; de sorte qu'à la première chaleur intense, tout ce fourrage sèche et la prairie redevient en peu de temps un désert complètement aride où la transhumance ne peut plus s'effectuer, ni à l'époque, ni pendant la durée ordinaires, ce qui force les nomades à remonter sur les limites du Tell pour chercher un peu plus de végétation et l'eau nécessaire à abreuver le troupeau.

Après avoir accompli cette première partie de notre mission, nous avons désiré visiter quelques points de la région Oranaise, afin de nous rendre compte de la nature des animaux de race ovine élevés dans cette partie de l'Algérie, des conditions d'élevage, d'engraissement et de vente.

Visite au domaine de l'Habra.

Un des domaines les plus importants de la région Oranaise nous avait été signalé comme renfermant une grande quantité de moutons, provenant des marchés de Saïda et de Tiaret, pouvant, par conséquent, nous donner une idée et nous présenter des échantillons des diverses espèces de moutons du Sud-Oranais. C'est le domaine de l'Habra et de la Macta, à l'est de la plaine du Sig, qui se termine par d'immenses terrains marécageux situés à l'embouchure de la Macta, au-dessous du port d'Arzeu.

Ce domaine, d'une contenance de 28,000 hectares, renferme environ 20,000 hectares de terrains propres au pacage.

Leur humidité ne permet pas aux animaux, surtout aux ovins, d'y séjourner longtemps sans devenir cachectiques, par le développement de la douve hépatique ; mais la grande abondance de petites graminées ou de petites légumineuses qui poussent entre les touffes d'atriplex et de salsola constitue une nourriture excellente pour engraisser les animaux venant du Sud ; aussi en peu de temps prennent-ils suffisamment d'état pour être embarqués au port d'Arzeu et être expédiés sur les marchés métropolitains.

Environ 12,000 moutons, provenant des marchés du Sud, étaient réunis à l'Habra lors de notre visite, et ils nous ont rappelé, par leur conformation et leur parfait état, les bons moutons de race indigène des troupeaux de la région de Sétif. On remarque de ce côté plus d'homogénéité dans les troupeaux ; on n'y voit plus de ces croisements de moutons à queue fine de la bonne espèce indigène avec les barbarins à grosse queue de la Tunisie, ni les moutons à laine rude et longue de la grande Kabylie ou des vallées de l'Aurès, comme dans certaines régions de la province de Constantine.

Nous avons même remarqué, parmi les troupeaux qui nous étaient montrés, un certain nombre de sujets supérieurs aux autres comme taille et comme conformation, et dépourvus de cornes. C'étaient des croisés achetés dans un lot de moutons provenant des propriétés de M. Solari, maire de Saïda, et sur lesquels nous aurons à revenir un peu plus loin.

· Après avoir visité également le port d'Arzeu, où la plus grande quantité des moutons de l'Oranais sont embarqués pour Marseille, et nous être rendu compte des conditions dans lesquelles se fait dans ce port l'embarquement des ovinés ; après avoir traversé ensuite la plaine du Sig et ces immenses pâturages qui, comme ceux de l'Habra, pourraient donner lieu à des opérations d'embouche très lucratives, tant sur les ovinés que sur les bovidés, nous sommes redescendus par la ligne Arzeu-Aïn-Sefra vers Saïda, dont nous désirions examiner le marché.

Marché de Saïda.

Le marché de Saïda reçoit, chaque semaine, 10,000 à 15,000 moutons amenés de fort loin par les nomades du Sud, depuis Figuig jusqu'à Géryville ; on y trouve donc aussi bien des moutons algériens que des moutons marocains. Ces derniers se rapprochent beaucoup, par la conformation, des moutons algériens, mais ils ont cependant la face plus brune, le chanfrein plus busqué, la laine longue, pendante, sans ondulations et beaucoup plus rude.

Les bons moutons gras s'y vendaient environ 21 francs la pièce et au choix.

Opinion de M. Solari.

M. Solari, maire de Saïda, propriétaire d'un domaine de 10,000 hectares, aux environs de Saïda, où il fait l'engraissement et l'élevage du mouton, a essayé depuis longtemps des croisements de brebis indigènes avec des mérinos sans cornes appartenant au type dit de l'Escurial, et il a obtenu des résultats très satisfaisants, tant au point de vue de la précocité des animaux que de la qualité de la laine et de leur rusticité, ainsi que nous avons pu en juger par les quelques exemplaires provenant de son troupeau, qui avaient été achetés en même temps qu'un lot de moutons de sa propriété, pour le domaine de l'Habra.

M. Solari connait admirablement la question de l'élevage du mouton ; son père faisait le commerce des laines et était en rapport avec toutes les tribus pastorales du Sud-Oranais, jusque dans les points les plus reculés du Sahara, lui-même a parcouru toute cette région et est capable d'apprécier les ressources qu'on en peut tirer pour l'élevage des ovinés. Il est très partisan de l'amélioration par le croisement, mais il estime que ces croisements ne peuvent être opérés avec fruit par les Arabes, dans l'état actuel des choses et que les colons européens seuls pourraient rendre des services en donnant l'exemple aux indigènes.

La difficulté, nous a-t-il dit, c'est qu'il faudrait avoir, sur les Hauts-Plateaux, des pâturages pour y faire transhumer des moutons pendant

une partie de la saison, afin de ne pas épuiser les ressources que l'éleveur peut tirer de sa propriété dans la région Tellienne.

Questionné sur la race à laquelle il donnerait la préférence, M. Solari dit que les béliers sans cornes, venant d'Espagne, lui ont semblé
supérieurs et qu'il conseillerait des croisements de ce genre, de
préférence au croisement avec le mérinos de la Crau, et surtout avec
le mérinos de Rambouillet, qui donne de très mauvais résultats.

Aspect des hauts-plateaux du Sud-Oranais.

Nous avons voulu ensuite avoir une idée des hauts-plateaux Oranais
et des grands lacs salés qui en marquent le centre ; aussi nous sommes
allés, par la ligne de la Compagnie franco-algérienne, jusqu'au
Kreider.

Ce qui caractérise les hauts-plateaux du Sud-Oranais, c'est surtout la présence de l'alfa. Cette stipacée n'est pas mangée par le
mouton ; il n'en consomme que les tiges naissantes et sous l'influence
de la faim ; mais autour des touffes d'alfa pousse le chih et un grand
nombre de plantes plus petites, minces graminées, petites composées
ou légumineuses rampantes qui se dessèchent en été, mais qui servent
à alimenter le bétail pendant plusieurs mois.

Il faut joindre à ces plantes un certain nombre de salsolacées et
d'atriplex, qui forment le fond du pâturage.

Le grand Chott-el-Cherguy, forme pour ainsi dire le centre du
haut-plateau Oranais ; cette immense cuvette reçoit toutes les eaux
du bassin, qui est limité d'une part par les montagnes de Saïda et de
Daïa, de l'autre par les monts des Ksour et du Djebel-Amour, il est
séparé des hauts-plateaux de la province d'Alger par quelques contreforts des monts de Saïda, au-dessous du plateau de Serzou.

Dans le voisinage du chemin de fer, depuis El-Beïda jusqu'à Tin-
Brahim, l'exploitation de l'alfa, dans la zone voisine de la voie ferrée,
a porté une grave atteinte à la végétation des petites plantes destinées
à l'alimentation des moutons ; soit que l'alfa n'ait pas été régulière-
ment arraché de sa gaine sans toucher à la racine, soit que, conformément à l'opinion de certains naturalistes, cette exploitation de
l'alfa, même faite dans les conditions sus-indiquées, soit nuisible à une
végétation nouvelle de la plante, de larges espaces dénudés ont été
la conséquence du drainage de l'alfa, opéré par la Compagnie franco-
algérienne.

On a donc ainsi causé un grand préjudice dans des pâturages où les tribus voisines trouvent à nourrir leurs troupeaux.

Quelques travaux d'eau ont été faits pour créer des puits et aménager les sources existant dans cette région. Au Kreider, notamment, des sources abondantes ont été captées et ont permis de faire des plantations d'arbres et d'établir de belles pépinières qui constituent comme une oasis autour de la petite citadelle qui y est établie.

L'eau jaillit naturellement au pied d'un monticule situé au-dessous de la tour qui domine le village; l'altitude du Kreider est pourtant voisine de 1,000 mètres.

Cette région a été très bien étudiée par M. Mathieu, conservateur des forêts à Oran, et par M. le docteur Trabut, professeur de botanique à l'Ecole de médecine d'Alger. Nous avons trouvé dans leur travail de précieuses indications, ainsi que dans une liste des plantes fourragères des Hauts-Plateaux et de la région Saharienne, qui nous a été remise par le savant Directeur du Jardin d'essai, M. Charles Rivière.

Nous aurions voulu pouvoir continuer notre étude encore pendant plusieurs semaines, mais le temps limité que nous y pouvions consacrer ne nous l'a pas permis. Nous avons donc été forcés de revenir du Kreider à Alger, pour retourner à Marseille; et nous avons profité de notre séjour en Provence pour y recueillir des indications sur l'élevage et la transhumance de la race des mérinos de la Crau, qui depuis 1852, où elle avait été pour la première fois préconisée par Bernis, a été indiquée depuis comme la meilleure reproductrice destinée aux croisements avec la race algérienne.

Si restreinte qu'ait été notre enquête, nous avons cependant la conscience, Monsieur le Ministre, d'avoir écouté religieusement la plupart des hommes de valeur qui se sont occupés avec soin, on peut même dire avec passion, de la question ovine en Algérie. Quelque divergentes qu'aient été les opinions émises devant nous, opinions que nous avons complétées par la lecture des travaux dus à des personnes compétentes, nous nous sommes fait un devoir de les enregistrer toutes et d'en faire saillir les arguments les plus importants. N'ayant ni idées préconçues, ni intérêts particuliers dans la question, nous avons cherché à contrôler par les faits eux-mêmes les idées des auteurs algériens et à en déduire une conviction personnelle basée sur l'étude de ces faits. C'est cette opinion que nous venons résumer ici comme conclusion de la mission dont vous nous avez chargé.

3

CONCLUSION.

Pour donner plus de précision à notre manière de voir, nous allons sérier les questions, afin de les résoudre séparément.

1° Contingent à fournir par l'Algérie à la Métropole.

Pour apprécier l'importance de ce contingent, nous allons remonter jusqu'à l'année 1883, c'est-à-dire avant l'importation des moutons abattus, et donner le chiffre total des importations étrangères comparées à l'importation algérienne.

Totaux des importations étrangères en béliers, brebis et moutons.

1883.....	2,277,887	dont 558,971	provenant de l'Algérie.
1884.....	2,099,210	— 612,501	—
1885.....	1,949,282	— 665,382	—
1886.....	1,623,463	— 463,466	—
1887.....	1,253,434	— 440,024	—
1888.....	1,508,296	— 735,487	—
1889.....	1,357,452	— 992,510	—
1890.....	1,140,330	— 975,901	—

Nous ferons remarquer qu'à partir de 1886, il faut ajouter au chiffre des importations le chiffre des carcasses envoyées d'Autriche et d'Allemagne, ce qui rétablit l'importation totale aux environs de 2,000,000 de têtes.

Et, en admettant que les importations de moutons vivants algériens aient été un peu trop surexcitées dans ces dernières années par la disette de moutons vivants sur les marchés métropolitains, et notamment à la Villette, il est permis de dire qu'année courante, l'Algérie peut nous fournir, en l'état actuel de sa production, 800,000 moutons, tandis que l'étranger nous en envoie 1,000,000 au moins.

Il y a donc largement place pour cette colonie à la vente du double de son exportation actuelle sur le marché métropolitain, où elle est protégée par les mesures prises contre les viandes abattues, et par un droit de 15 fr. 50 aux 100 kilogrammes de poids vif, soit environ 6 fr. 50 par tête de mouton.

Or, l'effectif des moutons en Algérie est actuellement d'environ 10 millions de têtes, avec lequel elle suffit à entretenir une exportation de 800,000 têtes et à fournir amplement la consommation locale, que l'on peut fixer au double du chiffre de l'exportation.

Cette consommation dans l'intérieur de la colonie n'est pas appelée à augmenter de beaucoup; il suffirait donc d'accroître de moitié seulement le montant actuel de l'effectif ovin en Algérie pour permettre de doubler l'exportation sur les marchés métropolitains.

Ce serait donc, en mettant le mouton à 25 francs par tête, un revenu de 20 millions de francs par an à assurer à l'Algérie, sans compter les bénéfices commerciaux résultant de la vente et du transport de la marchandise que cette opération procurerait à tous les intermédiaires français ou indigènes, et qu'on peut évaluer au moins à 5 millions de francs; sans parler aussi du surcroît de bénéfices réalisé sur les toisons par la vente des laines.

2° Comparaison des prix des moutons algériens avec les moutons français et étrangers.

D'autre part, il suffit d'examiner la cote du dernier marché de La Villette pour se rendre compte de la situation d'infériorité des moutons algériens.

En effet, les bons moutons du pays, ainsi que les prussiens anglaisés et les hongrois, se vendaient ces jours derniers à 0ᶠ90 le demi-kilogr. de viande nette en moyenne, tandis que les moutons algériens de bonne provenance n'obtenaient que 0ᶠ80, et les moutons à large queue, c'est-à-dire les barbarins d'origine tunisienne, de 0ᶠ62 à 0ᶠ65 (1).

Il y a donc là une différence en faveur des moutons étrangers de 10 à 15 centimes par demi-kilogramme, soit de 20 à 30 centimes par kilogramme, qui constitue par mouton, pour un rendement en viande nette de 18 kilogrammes, un écart en moins de plus de 5 francs par tête, comparativement au prix de la vente des moutons étrangers. En admettant que, sans amener le mouton algérien à la même quotité de vente que les prussiens anglaisés ou autres races supérieures, on puisse combler une partie de cette différence par des améliorations apportées

(1) Ces lignes ont été écrites en mai 1892, au moment de l'importation ovine algérienne sur le marché parisien.

dans la qualité de la viande, et ne faire ressortir cet écart qu'à 3 francs par exemple, on ferait gagner à l'Algérie, sur une importation de 900,000 têtes, bien près de 3 millions de francs.

Reste à savoir si, d'après les données qui précèdent, l'Algérie est en mesure de doubler son effectif ovin dans un temps donné et d'améliorer ses qualités en viande et en laine.

3° Augmentation de l'effectif ovin.

Sur le premier point : l'Algérie peut-elle accroître l'effectif de ses troupeaux de moutons ? Nous ne serons pas aussi optimistes que la plupart des personnes qui ont traité cette question, et d'après lesquelles on pourrait facilement élever la population ovine, comme le dit l'honorable M. Bonzom, à quarante ou cinquante millions de têtes, sans porter préjudice aux terres de colonisation.

Sans doute, l'histoire de l'Australie nous offre un bel exemple à suivre, et la République Argentine peut nous encourager à produire, comme elle le fait, de grandes quantités de laine et de moutons.

Mais le sol des Hauts-Plateaux et de la région Saharienne ne peut être comparé ni aux prairies australiennes ni aux Pampas ; et puis il faut compter avec le caractère arabe, avec son immobilité et ses idées réfractaires à tout progrès.

Cependant nous croyons qu'avec certaines mesures, et en appliquant à poursuivre le problème de l'augmentation de l'effectif ovin plus de persévérance, plus de ténacité qu'il n'en a été mis depuis 1852, c'est-à-dire à l'époque où Bernis indiquait ces mêmes procédés, on pourrait arriver, nous ne disons pas facilement, mais probablement, à fournir à la France la plus forte partie de ce qui lui manque en moutons, la Métropole devant, à l'abri des tarifs douaniers, faire de son côté un effort vigoureux pour augmenter aussi sa production.

Or, quelles mesures proposait Bernis, dans son mémoire au maréchal Randon, pour faire du Nord de l'Afrique, au point de vue du mouton, une seconde Australie ? Il demandait la création de points d'eau dans les Hauts-Plateaux, la constitution d'approvisionnements de fourrages dans certaines régions, la construction d'abris pour les troupeaux, la réglementation des époques de transhumance, toutes choses qu'il ne nous semble pas impossible de mettre à exécution, en usant des moyens dont peut disposer l'Administration civile et surtout l'autorité militaire dans les zones soumises à son commandement.

Approvisionnements.

Nous avons en effet sous les yeux un très remarquable rapport de M. le général Détrie, commandant de la division d'Oran, et relatif à l'élevage du mouton dans les hauts-plateaux Sud-Oranais.

Cet officier général est loin d'être optimiste ; il juge les choses avec la prudence que doivent lui inspirer les hautes responsabilités qui lui incombent, non-seulement comme administrateur, mais comme chargé de la défense d'une partie de la colonie.

Il ne croit pas impossible, afin d'aider à la multiplication des ovinés, de faire créer des approvisionnements de réserve pour les mauvaises années, de faire dans le voisinage des villes ou des postes du Sud des établissements dits de prévision qui seraient pourvus de substances nutritives dont l'orge serait la base principale, parce qu'elle nourrit beaucoup sous un petit volume.

M. Rimbert, dont nous avons déjà signalé, et avec raison, les connaissances pratiques en agriculture, et notamment dans l'élevage du bétail, nous a parlé en effet, à diverses reprises, des résultats qu'il obtenait comme rendement en viande en ajoutant un peu d'orge au fourrage pour la nourriture des moutons pendant la saison d'hivernage.

Que faut-il en effet, nous disait-il, à un mouton pour être en parfait état ? Environ deux mesures d'orge. L'orge se vend, dans l'intérieur, de 8 à 10 francs les 8 doubles décalitres, prix normal ; c'est donc 2 francs à 2 fr. 50 par mouton, et votre mouton vaudra, au minimum, de 5 à 6 francs de plus et sera de vente facile.

Dans les années médiocres ou mauvaises, les propriétaires des établissements de prévision achèteraient à bas prix toutes les bêtes que les Arabes laissent mourir, faute de pouvoir les nourrir. Ces bêtes seraient promptement remises en état par une nourriture substantielle prise à l'abri, sous les hangars des établissements, puis expédiées en France ; elles se vendraient ensuite d'après les cours de la Métropole, procurant ainsi aux propriétaires de ces établissements des bénéfices assurés.

Ensilage.

Nous ajoutons qu'on pourrait joindre à ces réserves l'ensilage de différentes herbes des Hauts-Plateaux, qui ne sont point comestibles pour le mouton, à l'état frais. Des composées, des ombellifères du genre

Daucus, de hautes crucifères, entre autres des moutardes à tiges très coriaces, certaines papavéracées de mauvaise nature, quelquefois vireuses et même vénéneuses à l'état frais, constituent, après avoir subi la fermentation de l'ensilage, une bonne alimentation pour le mouton.

Dans la province de Constantine ou dans la zone des Hauts-Plateaux, aussi bien que dans son voisinage immédiat, les terres à céréales restent en jachères pendant plusieurs années et produisent, durant les saisons pluvieuses, d'énormes quantités de hautes herbes, non comestibles à l'état frais; l'ensilage permettrait aux colons de constituer d'immenses réserves fourragères sous un petit volume, d'une conservation facile et qu'on peut utiliser dans les moments où le sol est couvert de neige ou complètement stérile.

Abris.

Quant à la question des abris, elle n'est pas non plus insoluble, et, sans les multiplier, il serait facile d'en établir dans le voisinage des postes, des villages et des établissements de prévision dont parle le général Détrie.

Points d'eau.

La question de l'eau est aussi d'une importance capitale à deux points de vue, et elle doit être surveillée attentivement par l'Administration, tant pour abreuver les troupeaux que pour empêcher la contagion de certaines maladies qui les déciment parfois.

Les ovinés qui parcourent les Hauts-Plateaux ne peuvent indifféremment suivre une direction ou une autre; lorsqu'ils transhument, ils sont obligés de se diriger toujours suivant une route déterminée, afin d'y trouver des abreuvoirs.

Que ces abreuvoirs soient disposés dans des citernes, qu'un puits ait été creusé dans une direction donnée, enfin, que l'eau non absorbée par le sol, ou emportée par l'évaporation, se rassemble dans quelques trous naturels appelés ghedirs ou r'dirs, où elle séjourne quelques semaines jusqu'à ce que les animaux viennent l'épuiser, c'est toujours vers les endroits où ils peuvent étancher leur soif que les troupeaux sont conduits.

Ces ghedirs sont extrêmement dangereux, ainsi que nous l'avons expliqué plus haut, et les vétérinaires sont d'accord pour les accuser d'être des foyers d'infection dans lesquels, sous l'influence de la haute température, se développent à profusion les germes des épizooties, et notamment les nématodes qui occasionnent la bronchite vermineuse, cause de pertes considérables dans les troupeaux.

On sait combien il faut peu d'eau pour abreuver le mouton, mais encore ne peut-il se passer de boire ; il en résulte que les bergers arabes sont obligés, comme nous le disions tout à l'heure, pour ne pas se trouver privés d'eau, lorsqu'une disette se fait sentir dans la zone où ils pâturent, de suivre toujours des régions déjà pâturées par les troupeaux et où il n'existe pas un seul brin de fourrage, tandis que, dans une région voisine, se trouvent encore des ressources considérables, mais pas d'eau.

Il nous semble qu'en multipliant des points d'eau sous forme de puits, soit qu'on trouve des nappes jaillissantes, soit que l'eau doive séjourner à peu de profondeur au-dessous du niveau du sol, il est toujours facile d'obtenir sans trop de difficultés de quoi abreuver un troupeau de moutons.

Ces forages devraient être faits dans différentes directions, afin de multiplier les routes de transhumance et d'obvier à l'inconvénient que nous signalions plus haut, c'est-à-dire d'empêcher les troupeaux de suivre tous la même route, dont les ressources fourragères sont ainsi rapidement et complètement épuisées.

Ces points d'eau devraient être surtout multipliés dans la zone des Hauts-Plateaux voisine du Tell, pour donner aux colons qui voudraient se livrer à l'élevage la facilité de faire en même temps de la petite transhumance avec leurs troupeaux, dans la saison où les Hauts-Plateaux peuvent fournir à l'alimentation des moutons.

Conservation des pâturages.

Quant à l'amélioration des pâturages, c'est une question qui, jusqu'ici, n'a peut-être pas donné lieu à des études assez complètes, mais cependant tout le monde est d'accord pour demander une surveillance très rigoureuse de l'exploitation de l'alfa, la conservation de cette plante étant une des conditions de l'existence des pâturages dans la zone des Hauts-Plateaux où elle existe. Cette nécessité de la préservation de l'alfa est encore plus impérieuse dans la région qui s'étend entre les lacs salés et le Sahara, car, ainsi que le dit M. Mathieu, elle répond là à un double but : conserver le pâturage et fixer les sables.

Si les désidérata que nous venons de déterminer étaient remplis, on aurait déjà beaucoup fait pour la richesse de la colonie.

4° Réduction des pertes de moutons.

M. Bonzom, dans une lettre adressée, en 1888, au Ministre de l'Agriculture, estimait à 4,000,000 de têtes, c'est-à-dire à plus de 40 millions de francs, les pertes en moutons subies par la colonie durant quatre années consécutives.

En réduisant ces pertes de moitié, ce qui n'est pas une espérance excessive, à l'aide des moyens indiqués, on aurait déjà réalisé la possibilité d'envoyer à la Métropole 500,000 bêtes de bétail de plus par an.

Mais, pour arriver à ce but, il faut, dans l'application, un esprit de suite, une persévérance, une énergie qui semblent, beaucoup plus que la bonne volonté, avoir fait défaut jusqu'ici à nos administrateurs, lorsqu'ils sont aux prises avec l'imprévoyance, le fatalisme et la résistance passive des indigènes.

5° Amélioration de la race indigène.

La deuxième question à résoudre est celle de l'amélioration de la race.

Et d'abord on doit se poser ce dilemme : la race algérienne existe-t-elle à l'état d'autonomie? Le mouton barbarin à large queue, le mouton du centre de l'Algérie à fine queue, les moutons du Sud-Oranais à laine frisée, les moutons de l'Aurès et de la Kabylie à laine qui ressemble au poil de chèvre, sont-ils tous de la même race, c'est-à-dire la race de Syrie ou asiatique, dont les diverses espèces que nous venons de signaler ne seraient que de simples variétés?

C'est ce que pense M. le professeur Sanson.

Ou bien faut-il admettre, avec M. Couput, qu'il y a en Algérie trois races différentes : la race à queue fine et à laine frisée, qui serait une dégénérescence des moutons jadis importés par les colonies romaines; une race autochthone, la race berbère à laine rude et très longue ayant l'apparence du poil de chèvre, et enfin la race barbarine à large queue, originaire de Tunisie?

Castration des béliers barbarins à large queue.

Quoi qu'il en soit, une première mesure à prendre serait de frapper de droits très élevés sur les marchés et de faire castrer, par mesure administrative, tous les béliers à grosse queue, dont le croisement avec les autres espèces algériennes ne sert qu'à déprécier les troupeaux et à constituer une perte pour la colonie, ainsi que vous pouvez vous en rendre compte facilement, Monsieur le Ministre, par la baisse de prix que subissent, sur nos marchés, les moutons à large queue (1).

Castration des agneaux.

Une des causes de dépréciation des moutons algériens, sur nos marchés, tient également à ce que les Arabes laissent les agneaux mâles croître avec les brebis, sans se préoccuper autrement de sélectionner les bons reproducteurs, et de ne garder que le nombre de béliers nécessaire pour la lutte. Il en résulte qu'ils vendent les mâles, soit à l'état de béliers pourvus des organes de reproduction, soit à l'état de moutons, mais si récemment castrés, que les acheteurs ne veulent les payer que comme béliers.

Cette castration tardive n'empêche pas, en effet, comme la castration faite en temps normal, c'est-à-dire à l'âge de trois mois, le développement des cornes, développement qui est une cause d'infériorité pour la vente.

Nous avons questionné un grand nombre d'Arabes pour leur demander quelle était la raison de cette coutume. Ils prétendent que le mouton castré perdrait de son énergie et par conséquent de sa résistance aux intempéries et à la fatigue.

Cette opinion est d'autant moins fondée que la castration à trois ou quatre mois a été pratiquée, par des colons faisant de l'élevage, sur des troupeaux soumis au régime des ovins arabes, et ni le développement ni la santé de ces moutons ne se sont ressentis d'une castration plus précoce.

Est-il possible de prendre, chaque année, des mesures dans ce sens ?

M. le général Détrie estime qu'il serait facile de remettre en vigueur des règlements qui avaient déjà été établis dans le sud de la division d'Alger.

Et pour cela il suffira de prescrire que, chaque année, au printemps et avant la tonte, le commandant supérieur ou un officier du bureau arabe, dans chaque cercle, accompagné d'un vétérinaire, visitera tous les troupeaux.

(1) Le barbarin à large queue se prête d'ailleurs admirablement à l'amélioration par le croisement, mais c'est dans la Régence même que cette amélioration doit être opérée. M. Amédée Prouvost, de Roubaix, propriétaire du domaine de Mérira, près Tunis, a fait, dans ce sens, avec les mérinos de la Crau, des essais qui ont donné d'excellents résultats.

Sélection des reproducteurs.

Il choisira comme reproducteurs les béliers supérieurs aux autres par la toison, la conformation et la vigueur, et les fera marquer d'un signe apparent ; les autres béliers seront châtrés, séance tenante, par les indigènes eux-mêmes. Il aura soin de faire conserver, pour la reproduction, la proportion de 5 à 6 béliers par 100 brebis, proportion un peu forte, mais nécessaire, pour ne pas être pris au dépourvu en cas de mortalité.

Les brebis elles-mêmes seront examinées, et celles qui seront reconnues trop vieilles ou défectueuses, soit comme toison, soit comme conformation, seront réformées; pour les distinguer, on leur appliquera une marque facilement visible et ordre sera donné de les faire disparaître des troupeaux le plus tôt possible (1).

Tonte des moutons.

Les indigènes ont en outre un système de tonte qui est barbare, en ce qu'il impose une souffrance inutile aux animaux et qui de plus est extrêmement préjudiciable aux propriétaires des moutons, car il leur fait perdre un profit assez considérable sur la toison.

Les Arabes se servent, en effet, dans la majorité des cas, pour opérer la tonte, de couteaux ou de faucilles qui laissent sur le dos des animaux un bon tiers de la laine et qui ne permettent la tonte qu'à l'âge d'une année au moins, tandis qu'avec les forces ou mieux avec la tondeuse, on peut dépouiller complètement les bêtes de leur laine. En commençant cette opération sur les agneaux à l'âge de quatre ou cinq mois, on empêche ainsi la production des laines jarreuses, qui sont trop communes dans la plupart des espèces ovines de l'Algérie.

6° Croisement.

Toutes les personnes qui se sont occupées, avec une compétence et un talent auxquels nous sommes heureux de rendre hommage, de la question ovine, sont d'accord sur les différents points que nous venons de traiter. Leurs conclusions ne diffèrent pas sensiblement de celles

(1) Les mêmes mesures pourraient être prises par les administrateurs dans les communes mixtes et par les maires dans les communes de plein exercice.

auxquelles nous sommes arrivé nous-mêmes et que nous venons d'exposer. Il n'en est pas de même de l'amélioration de la race par le croisement; là, nous nous trouvons en présence d'opinions tout à fait contradictoires en apparence, parce que les uns et les autres, partisans du croisement ou de la sélection, se sont placés à un point de vue un peu trop absolu pour envisager le problème moutonnier d'une façon tout à fait pratique. Il ne faut pas chercher, en effet, l'unité de solution par rapport à l'ensemble de la colonie, mais la diviser par séries suivant la nature du sol et les progrès de la colonisation dans chaque province, dans chaque région.

D'une manière générale, il est permis d'affirmer que le croisement avec une race plus perfectionnée, tant en laine qu'en viande, ne peut s'effectuer, chez les Arabes, qui suivent le système de la grande transhumance, avant l'application, pendant plusieurs années, des moyens préparatoires que nous venons d'indiquer, et sans lesquels les croisements ne pourraient constituer qu'une dépense inutile et une innovation peut-être dangereuse.

Mais dans la province de Constantine, par exemple, dans les régions voisines du Tell, chez les colons ayant en même temps des exploitations situées sur la marge des Hauts-Plateaux et permettant de constituer des réserves fourragères, chez les indigènes, placés dans la même situation et pouvant se livrer à l'élevage par l'estance ou par une transhumance limitée, chez les colons de la province d'Alger et de l'Oranais se trouvant dans les mêmes conditions, on se tromperait grandement en voulant s'opposer à toute amélioration du rendement en laine ou en viande, par des croisements avec les races ovines appropriées au climat ainsi qu'aux pâturages de la colonie algérienne.

Influence du croisement sur la toison.

Quelques colons attribuent une certaine supériorité aux laines algériennes. S'il y a, en effet, dans quelques régions de l'Algérie, dans la Meskiana, dans les environs de Batna, près de Mascara, autour d'Aumale, près de Châteaudun du Rummel, dans la région des Bibans, sur le territoire de la commune indigène de Boghar, dans le Chélif, dans les oasis des Zibans, dans les environs d'Aflou, quelques régions très limitées où les animaux présentent une toison à laine fine, longue, demi-longue et courte, on ne trouve, dans tout le reste de l'Algérie, que des animaux à laine grossière, de différentes longueurs et d'un prix très inférieur.

On a parlé de quelques toisons de pure race indigène qui auraient été exposées en 1878 à Paris, et cataloguées comme laine mérinos. Si ces toisons provenaient d'animaux de la région Sétifienne, cela ne nous étonnerait nullement, étant donnée l'infusion de sang mérinos que les ovins de cette région ont subie depuis longtemps. Et puis, sans nous laisser entraîner sur le terrain de la théorie pure, il nous est impossible cependant de ne pas rappeler que, pour certains auteurs d'une haute compétence dans les questions de zootechnie, les mérinos espagnols ne sont qu'un perfectionnement d'une race ovine importée d'Afrique. Rien d'étonnant que parmi les variétés si nombreuses des moutons algériens, il ne s'en trouve quelques-unes présentant les caractères de la race primitive ayant donné naissance aux espèces mérines plus perfectionnées (1).

Il suffit de se référer aux diverses espèces de laine dont les échantillons ont été recueillis par nous sur les moutons indigènes ayant déjà subi, chez des éleveurs intelligents, l'amélioration due à la sélection. On constatera que malgré les soins donnés aux moutons du pays, on ne peut comparer les produits obtenus à ceux des croisements de moutons algériens avec la race mérine de Rambouillet, de la Crau, de la Côte-d'Or ou du Soissonnais. On peut ainsi apprécier la valeur considérable dont on pourrait augmenter le produit du troupeau algérien, par une amélioration de la toison due au croisement avec des mérinos.

On ne saurait cependant parler d'améliorer l'espèce de la laine par des croisements, chez certains nomades, de la région Oranaise par exemple, qui n'ont aucune connaissance des soins à apporter à la toison, et qui mélangent le produit de la tonte avec du petit lait et du sable pour en augmenter le poids et mieux tromper l'acheteur, ainsi que nous avons pu le constater sur le marché de Saïda.

Quant à l'Arabe soigneux de son troupeau, quant au colon européen qui s'adonne avec zèle à la production ovine, ce serait commettre une grave erreur que de ne pas les engager à tirer parti de cette portion importante de la production des ovinés, qui provient de la toison.

La laine fine peut et doit trouver un débouché tout naturel dans l'emploi qui en est fait par les indigènes pour toutes les parties de leur vêtement, car l'Algérie consomme une bonne part de sa production lainière.

Il suffit d'examiner les échantillons comparatifs de laine provenant

(1) M. Rimbert prétend notamment que les laines cataloguées comme provenant de mérinos avaient été produites par la race pure des Abd-El-Nour.

d'animaux indigènes de très bonne race et ceux produits par les croisements mérinos, de faire le décompte pour chacun d'eux, de leur poids et de leur valeur au kilogramme, qui nous a été établie par M. Gaston Floquet, président de la chambre syndicale de la mégisserie lainière de Paris et par le Directeur du bureau des ventes des laines de Paris, pour se rendre compte du rendement et de la valeur que l'on pourrait obtenir par des croisements opérés prudemment et avec intelligence.

Nous avons également prié M. Gaston Floquet de nous donner son appréciation comparative sur la valeur de ces laines avec celle des mérinos negretti de la bergerie de Rambouillet, et vous serez convaincu, Monsieur le Ministre, en examinant la note que nous a remise à ce sujet l'honorable industriel dont nous venons de citer le nom, avec les échantillons soumis à son examen, que nous pouvons facilement, avec de bons croisements, augmenter sensiblement la qualité de nos laines algériennes.

Rendement en viande et qualité.

Quant au rendement en viande, il est certain, d'après tous les renseignements qui nous ont été donnés, que le mouton de bonne race algérienne sélectionné, vendu sur le marché de La Villette, ne dépasse pas 18 kilos en moyenne, tandis que les croisés mérinos de la Crau et de la Côte-d'Or donnent une moyenne de 20 à 22 kilogrammes; mais il faut encore, pour apprécier exactement la valeur de ce rendement, tenir compte de ce fait que l'ossature du mouton algérien étant beaucoup plus considérable que celle du mérinos, pour un même poids en viande nette, il y a beaucoup plus de chair dans le mérinos que dans le mouton algérien. C'est ce qui explique pourquoi la boucherie offre des prix beaucoup plus élevés des moutons mérinos que des moutons algériens, même de bonne qualité. Aussi tous les auteurs qui se sont occupés spécialement de la question ovine en Algérie ont-ils recommandé, depuis Bernis en 1852, jusqu'à M. Sanson et à M. Couput, actuellement, le croisement du mouton algérien avec certaines races mérines.

C'est en vain que les partisans de la sélection pure feraient valoir l'amélioration qu'on peut obtenir par l'emploi de cette seule méthode sur le mouton algérien, car dans certaines régions où la sélection a été pratiquée dans toute sa rigueur sur des troupeaux indigènes de bonne espèce, comme au pénitencier de Berrouaghia, ainsi que nous l'a affirmé M. Couput, on n'a obtenu que des résultats absolument insuffisants, soit en eux-mêmes, soit par comparaison avec ceux obtenus dans la même région par le croisement.

7º Choix des races destinées au croisement.

Il faut déterminer maintenant à quelle race on emprunterait de préférence les reproducteurs destinés à infuser un sang nouveau à la race indigène.

I. — Races anglaises.

Nous devons écarter tout d'abord les grandes races anglaises et notamment les South-Downs, dont on avait imprudemment conseillé l'emploi ; parce qu'ils ne pourraient améliorer la toison, et qu'au point de vue de la viande, la puissance d'assimilation de ces animaux et la façon toute particulière dont se fait leur engraissement en déconseillent formellement l'élevage dans un pays à température aussi élevée que l'Algérie.

En effet, l'assimilation rapide des éléments nutritifs chez ces moutons produit la pléthore et la mort par congestion au moment de l'abondance des fourrages ; d'autre part, leur engraissement se faisant surtout à la périphérie, détermine le dépôt d'une couche de graisse dans le tissu cellulaire sous-cutané, et entretient un degré de chaleur très élevé chez les ovinés de cette provenance.

II. — Mérinos précoces.

L'engouement des éleveurs pour les races anglaises a d'ailleurs subi de grandes modifications depuis que, par les enseignements persévérants des hommes compétents en zootechnie, et notamment de M. le professeur Sanson, il est prouvé aujourd'hui qu'on peut obtenir, par de bonnes méthodes d'élevage, des mérinos précoces produisant en même temps une bonne qualité de laine et de la viande qui, tant en qualité que par la quantité, ne le cède pas à celle des Leicesters ou des South-Downs.

D'autre part, les méthodes suivies par les éleveurs ont débarrassé les mérinos de ces cornes dont le développement excessif nuisait à leur précocité, bien qu'elles aient été considérées pendant longtemps comme un des caractères distinctifs des bonnes races mérines.

On obtient, en effet, actuellement en Bourgogne, en Champagne, en Soissonnais, des animaux dépourvus de cornes et qui, comme les ovinés anglais des grandes races, ont leurs premières incisives permanentes de douze à quinze mois.

III. — Mérinos de la Crau.

Nous avons en France des variétés de mérinos provenant des anciennes bergeries nationales de Perpignan et d'Arles, dont les souches venaient directement d'Espagne, et qui se rapprochent beaucoup des anciens mérinos à grande transhumance, connus sous le nom de race de l'Escurial. Ces ovinés sont capables de supporter des températures très élevées, les fatigues et la privation de longs voyages pour quitter les plaines dans lesquelles ils pâturent pendant la saison d'hiver, et gagner les hauts-plateaux alpins afin d'y vivre pendant les chaleurs de l'été.

Les mérinos dits de la Crau remplissent en France ces conditions, et c'est par assimilation avec les conditions que doit remplir le mouton à grande transhumance de l'Algérie, que Bernis et tous les auteurs qui ont traité la question depuis 1852, y compris M. le professeur Sanson, ont conseillé l'emploi, comme reproducteurs dans la Colonie, des mérinos de la Crau.

IV. — Croisements algériens.

Il nous a été donné, au cours de notre voyage, de constater certains résultats obtenus, tant avec les mérinos de la Crau qu'avec les mérinos sans cornes de la Côte-d'Or. Nous devons déclarer que ces essais sont véritablement encourageants et doivent engager à poursuivre l'œuvre déjà commencée et si souvent délaissée depuis les premières indications données par Bernis.

Nous disons si souvent délaissée, parce que, selon nous, le défaut de persévérance que l'abandon de ces tentatives indique, tient à ce qu'on a voulu commencer le mouvement de croisement sans avoir au préalable préparé suffisamment le terrain.

Il faut, en effet, sous peine de faire une œuvre vaine, ne confier aux indigènes des béliers de race mérine que si leurs troupeaux ont été soumis aux mesures préalables indiquées ci-dessous :

1° Castration, à 5 mois, de tous les reproducteurs mâles inutiles;

2° Créations de réserves alimentaires pendant les mauvaises saisons;

3° Etablissement d'abris sur les Hauts-Plateaux;

4° Création de points d'eau et réglementation de la transhumance dont il faudrait augmenter les lignes de parcours.

8° Bergeries communales.

Ceci étant posé, on pourrait confier à certains possesseurs indigènes ayant de grands troupeaux, des mérinos de la Crau; mais cette distribution ne doit se faire qu'avec une très grande discrétion et en choisissant avec soin les propriétaires indigènes auxquels elle devrait être faite. Dans tous les cas, il faudrait surtout, en établissant aux yeux des indigènes des points de comparaison, frapper leur imagination en leur montrant la différence de bénéfices qu'ils sont susceptibles d'obtenir par le croisement.

Le système de bergeries communales demandé au Conseil supérieur du Gouvernement par M. Uhlmann dans son beau rapport sur cette question, serait de nature à donner satisfaction au désir que nous exprimons.

En établissant, en effet, dans les communes mixtes et indigènes, des dépôts de béliers mérinos avec lesquels on pourrait faire lutter un certain nombre de brebis du pays, empruntées aux troupeaux des indigènes les plus soigneux de la région, et en rendant ensuite ces brebis pleines à leurs propriétaires, on aurait ainsi un excellent moyen de faire une propagande utile en mettant sous leurs yeux les résultats obtenus.

Pour faire cette propagande, il serait dangereux de se servir des béliers de Rambouillet, et nous conseillerions même d'user avec réserve des croisements Crau-Rambouillet obtenus à Moudjebeur.

Il faut surtout prendre une race qui, par ses habitudes et son accoutumance, se rapproche le plus des moutons algériens, soumis par les indigènes à la grande transhumance, et le mouton de la Crau est, selon nous, celui qui pourrait être employé le plus avantageusement à l'œuvre que nous poursuivons.

9° Elevage chez les colons.

Mais la propagande parmi les Arabes ne constitue qu'une minime partie de l'œuvre à entreprendre. En effet, il en est de l'amélioration de la race ovine en Algérie comme de l'extension des méthodes de culture intensive en Europe. Ce n'est pas par le paysan, petit cultivateur ou par le fermier de moyenne culture que les progrès agricoles qui découlent des découvertes scientifiques sont entrés dans le domaine des faits généraux ; c'est par la grande culture, par les grands propriétaires que les méthodes de perfectionnement, comme celles de zootechnie rationnelle, ont été primitivement appliquées ; c'est en constatant les résultats obtenus par ces ouvriers de la première heure que la moyenne culture d'abord, et les petits cultivateurs ensuite ont été encouragés à entrer dans le mouvement cultural de notre époque.

C'est donc aux grands colons européens qui, comme M. Larrey, par exemple, possèdent en même temps des terres irrigables, à réserves fourragères, et des terrains de parcours d'une certaine étendue, qu'il faut prodiguer non-seulement des encouragements platoniques, mais encore les moyens effectifs de continuer l'œuvre qu'ils ont commencée.

A ceux qui se trouvent dans une telle situation, c'est-à-dire aux colons établis sur la lisière du Tell et des Hauts-Plateaux, il faut donner, avec des reproducteurs de bonne qualité, des facilités de transhumance, pour leurs troupeaux, dans la région voisine des Hauts-Plateaux, par l'établissement d'abris et de points d'eau aussi multipliés que possible.

Pour ces derniers, il n'est pas aussi nécessaire de réserver des reproducteurs dérivant des races mérines à grande transhumance, mais surtout des mérinos de races précoces, dont le mérinos sans cornes du Soissonnais ou du Châtillonnais nous représente le type.

Il faut, en effet, fournir à ces agriculteurs progressistes des animaux capables, par la valeur des croisements obtenus, de les rémunérer convenablement des sacrifices qu'ils doivent faire pour les obtenir.

Les exemples que nous avons eus sous les yeux, non-seulement à Moudjebeur, mais chez M. Rouyer, à Hammam-Meskoutine; chez M. Larrey, à Saint-Donat; chez MM. Viguier et Niocel à Sétif ; chez M. Solari, à Saïda, sans noter tous ceux qui nous ont été indiqués par MM. Bourlier, Bonzom et Couput, sont de nature à entraîner notre conviction absolue, que, chez les colons européens ayant des exploitations bien tenues, le croisement des bonnes brebis indigènes avec des étalons de race mérine, à variété sans cornes, sont de nature à fournir à la colonie une admirable pépinière de bons troupeaux de métis mérinos.

10° Bergeries d'élevage.

Pour arriver à ce résultat, il faudrait établir, sur un ou plusieurs points de l'Algérie, de bonnes bergeries d'acclimatement, dans les-

4

quelles on soumettrait au régime du pâturage, sur une partie limitée des Hauts-Plateaux et à l'accoutumance du climat, un troupeau constituant une forte réserve pour la distribution d'étalons aux divers intéressés.

Ces troupeaux devraient être composés de deux sections : l'une de mérinos de la Crau, destinée surtout à être répartie entre les éleveurs indigènes et les bergeries communales; l'autre, composée de bons mérinos précoces à variété sans cornes, devrait être destinée plus spécialement aux colons européens.

La bergerie de Moudjebeur est parfaitement située et renferme un matériel considérable ; elle remplit toutes les conditions pour permetre d'y constituer un bon troupeau d'élevage, composée, d'une part, de mérinos de la Crau, brebis et béliers de pure race, d'autre part, de mérinos sans cornes précoces, mâles et femelles; mais la première condition à remplir, c'est de répartir le plus promptement possible ou de faire disparaître les Rambouillet ou croisements de Rambouillet, qui nuisent à l'homogénéité du troupeau, et ne peuvent contribuer qu'à en augmenter les dépenses, sans donner des résultats équivalents.

Le Rambouillet, comme reproducteur en Algérie, est condamné par l'expérience, et, malgré tous les efforts faits par M. Couput pour l'utiliser sous forme de croisement avec la race de la Crau, il ne peut donner que de médiocres résultats dans l'avenir.

Il faut donc sans hésitation liquider tout ce qui existe actuellement tant en Rambouillet qu'en croisés Crau-Rambouillet.

Afin d'apprécier la valeur de cette affirmation relative aux Rambouillet, nous désirons nous abriter, Monsieur le Ministre, derrière une haute autorité, et nous tenons à copier textuellement le passage suivant du Traité de zootechnie de M. Sanson, professeur à l'Ecole d'agriculture de Grignon et à l'Institut national agronomique :

« Sous le gouvernement général du maréchal Randon, et sous l'in-
» fluence de Bernis, vétérinaire principal distingué de l'armée, une
» première bergerie fut fondée à Laghouat, pour fournir des béliers
» améliorateurs aux troupeaux indigènes de la province. Les souches
» de cette bergerie avaient été sagement empruntées à la Provence.
» Plus tard, d'autres idées moins pratiques prévalurent et l'on y intro-
» duisit des animaux de Rambouillet, sous prétexte qu'ils étaient plus
» beaux que les premiers ; l'entreprise ne pouvait manquer d'échouer.
» Elle échoua, et l'amélioration de la variété subit un retard. »

Vous penserez sans doute, Monsieur le Ministre, que la mission dont vous nous avez honoré consiste beaucoup moins à donner satisfaction à certaines opinions qu'à vous dire sincèrement ce que pensent les cultivateurs pratiques en Algérie, et à vous le communiquer sans en dissimuler une partie (1).

La bergerie de Moudjebeur, pour remplir le but qu'on doit poursuivre avec énergie et persévérance, ne doit plus être une institution plus ou moins décorative et conçue suivant les idées de la Métropole, mais un établissement de production ovine destiné à donner des béliers en aussi grand nombre que possible, eu égard aux crédits employés à cet usage.

Il faut donc la limiter exclusivement à cet emploi et réformer un luxe de personnel administratif ou enseignant qui n'a pas sa raison d'être, car Moudjebeur doit être une vraie bergerie pour la création de reproducteurs et rien de plus.

Tondeurs et castreurs.

De son côté, il est nécessaire que le gouvernement général affecte des crédits aux administrateurs de communes mixtes et indigènes ; pour faire de bons tondeurs et de bons castreurs parmi les indigènes, qui ont d'excellentes dispositions pour remplir ces deux métiers, car le bistournage et l'écrasement pratiqués en général par les Arabes sont de mauvaises méthodes.

Inspection de bergeries communales.

Un homme intelligent ayant la pratique de l'élevage peut parfaitement régir le troupeau et l'établissement sans qu'il soit besoin d'avoir

(1) Il est bien entendu que nous nous sommes borné à reproduire dans notre travail les diverses indications qui nous ont été données par différents groupes d'intéressés sur la valeur des mérinos de Rambouillet comme reproducteurs en Algérie. Il n'entre à aucun degré dans notre pensée de condamner sans appel les admirables negretti de notre bergerie nationale comme reproducteurs dans la colonie tout entière. Peut-être qu'en les plaçant dans des zones et dans des conditions particulières, on obtiendrait une meilleure réussite et des résultats plus satisfaisants.

Mais ces conditions ne peuvent se rencontrer que dans certaines régions fort limitées où la température et les soins donnés à ces ovinés ne seraient pas essentiellement différents du milieu dans lequel leur élevage se fait à Rambouillet.

Or, ces conditions ne sont nullement remplies dans la plupart des exploitations algériennes et encore moins chez les indigènes où les ovinés doivent supporter toutes les exigences de la grande transhumance.

À l'étranger comme en France, les Rambouillet ont donné des résultats qui leur ont créé des défenseurs parmi les hommes les plus justement qualifiés pour donner leur opinion en matière de zootechnie. De ce nombre est notre savant directeur de l'Agriculture, M. Tisserand. Nous n'avons donc pas la prétention d'être exclusif, mais nous demandons à être édifié sur la possibilité d'utiliser les negretti de Rambouillet en Algérie, dans la situation toute spéciale qui leur est faite par les conditions de climat et d'alimentation indiquées au cours de notre travail.

à sa tête un fonctionnaire dont l'instruction et la haute compétence pourraient être utilisées comme chef du service ovin en Algérie.

Il est nécessaire, en effet, d'établir entre toutes les bergeries communales déjà constituées ou susceptibles de l'être, ainsi qu'entre toutes les exploitations agricoles où se fait l'élevage avec des tentatives de croisement, un lien qui donne à l'action de tous les esprits progressistes plus d'homogénéité dans les efforts auxquels ils se livrent pour l'amélioration du troupeau algérien.

Ces conseils, cet appui moral, cette surveillance ne peuvent être donnés que par un homme qui sera spécialement chargé de l'inspection, et qui s'adonnera à cette œuvre uniquement, sans en être distrait par la gestion et l'administration d'un établissement comme Moudjebeur qui exige un fonctionnaire absolument sédentaire.

11° Arguments contre le croisement.

Diverses objections, que nous avons déjà présentées au cours de ce travail, ont été faites à la question du croisement par le mérinos ; ces objections proviennent d'hommes trop estimés et ayant une trop haute compétence dans les questions agricoles pour éviter de s'expliquer à ce sujet.

Les arguments présentés peuvent se grouper ainsi :

1° La race indigène est une race rustique et possédant toutes les qualités nécessaires comme laine et comme viande, à conditon que le choix des reproducteurs soit fait judicieusement.

A cela, nous répondrons que des expériences d'abatage faites à notre demande, sur des animaux de bonne race algérienne et en état suffisant d'entretien, n'ont jamais donné qu'un rendement inférieur en viande et des carcasses dont les gigots et les côtelettes offraient un aspect qui classait ce mouton dans une catégorie tout à fait secondaire pour la boucherie.

Quant à la laine, si on élimine les moutons algériens, très nombreux déjà, qui, depuis plus de quarante ans, ont subi l'influence du sang mérinos, on peut dire que la laine algérienne sera toujours de qualité très inférieure ;

2° On objecte également que la race algérienne supporte admirablement les fatigues de la transhumance, les privations occasionnées par la disette, soit durant les chaleurs estivales, soit pendant l'hiver, tandis que les mérinos n'ont pas fait leurs preuves sous ce rapport.

Si cependant nous nous en référons au chiffre des pertes subies par les troupeaux arabes, nous verrons qu'elles sont énormes. Il se passe, en effet, chez les moutons, ce qui arrive chez l'Arabe lui-même : la dureté des conditions d'existence fait périr tous les sujets malingres, et il s'opère ainsi une sorte de sélection naturelle qui ne permet l'existence qu'aux sujets les plus résistants. Il en sera de même avec les croisés mérinos et ceux-ci participeront d'ailleurs de la force de résistance de la brebis arabe qui sera accouplée avec le reproducteur mérinos.

Quant aux fatigues de la transhumance, elles sont supportées également par toutes les races mérines dans les régions méridionales de l'Europe, où les étés chauds et secs, suspendant la végétation des herbes dans les vallées, forcent à l'émigration des troupeaux vers les lieux élevés.

Tels sont, par exemple, les mérinos espagnols qui, vivant durant l'hiver dans les plaines de l'Andalousie et de la Nouvelle-Castille, font tous les ans un voyage de plus d'un mois pour gagner, au moment des chaleurs, les montagnes de la Vieille-Castille ou du royaume de Léon.

C'est pour cette raison que nous conseillons absolument de ne donner aux Arabes qui font de la grande transhumance ou de ne propager parmi eux que le croisement avec des mérinos à transhumance, comme notre race de la Crau, qui se rapproche le plus du mérinos espagnol par ses conditions d'élevage ;

3° On se plaint également qu'on va bouleverser complètement la race algérienne et amener une transformation complète de cette race qu'on connaît, pour se lancer dans l'inconnu.

Cette objection aurait quelque raison d'être s'il s'agissait de faire disparaître tout le troupeau algérien et de le remplacer immédiatement par une autre race.

Il ne s'agit pas, en effet, de remplacer, par des mérinos croisés, la race actuelle; mais nous voulons tout d'abord, par une première série d'opérations, obtenir la disparition du mouton barbarin à grosse queue, la castration précoce des béliers inutiles en ne conservant que six béliers par cent brebis, enfin l'amélioration du troupeau algérien par lui-même.

Cette sélection opérée, pourquoi s'opposer à ce qu'on donne aux Arabes, par l'établissement de dépôts d'étalons sur un certain nombre de points, les moyens d'améliorer par le croisement, s'ils y voient leur intérêt, les troupeaux dont ils sont possesseurs ?

Celui qui connaît l'immobilité d'esprit des Arabes peut être rassuré ; il ne craindra certainement pas que le changement soit si brusque et les modifications si profondes qu'on ne puisse apprécier partiellement les résultats de l'expérience avant d'en généraliser l'extension.

Quant aux colons français qui veulent faire de l'élevage, quel inconvénient peut-on trouver à leur donner des mérinos d'une race plus perfectionnée, plus précoce, ayant en même temps une jolie toison et une viande de bonne qualité, comme le mérinos sans cornes de la Côte-d'Or ? .

Jusqu'ici les expériences réussissent bien, les agriculteurs qui s'y adonnent en sont satisfaits, leurs produits se vendent mieux ; pourquoi arrêterait-on ce mouvement vers le progrès agricole, puisque les intéressés eux-mêmes s'en déclarent satisfaits ?

12° Vols de troupeaux.

Nous devons cependant signaler en passant un des dangers de cette amélioration dans les troupeaux des colons : c'est que ceux qui possédant des animaux de bonne race, dont la réputation est connue dans les douars du voisinage, sont immédiatement en butte à des vols continuels, et, comme la solidarité entre les Arabes d'une même tribu existe au plus haut degré, il en résulte que la tribu tout entière s'entend pour cacher les larcins commis par un ou plusieurs de ses membres.

Peut-être serait-il nécessaire de revenir à la responsabilité collective de la tribu, afin de protéger nos colons contre des vols de bestiaux qui les découragent profondément.

Telles sont, Monsieur le Ministre, les conclusions que nous rapportons de la mission que vous nous avez confiée.

L'Algérie a fait depuis dix ans de grands progrès agricoles, la culture de la vigne s'y est merveilleusement étendue, la culture des céréales y occupe de larges espaces ; seul, l'élevage du mouton est resté absolument stationnaire depuis les premiers jours de la conquête, puisque le chiffre de l'effectif ovin est actuellement évalué au-dessous du nombre auquel il était porté, en 1852, dans un document officiel.

L'histoire de la question ovine en Algérie peut donc se résumer ainsi : Travaux consciencieux, expériences multiples, tâtonnements nombreux et résultats presque nuls.

Ce ne sont pourtant ni les études, ni les éléments qui manquent, et il ne faut actuellement qu'une volonté énergique pour les mettre en mouvement et aboutir à un résultat.

C'est une tâche laborieuse et une œuvre utile qui ne sera pas sans amener des déceptions et sans trouver des détracteurs. Cette tâche,

Monsieur le Ministre, est digne de tenter un esprit aussi profondément attaché que le vôtre aux progrès de notre agriculture nationale, et nous serions personnellement très heureux si nous pouvions avoir contribué, pour une faible partie, à doter d'une nouvelle source de richesses une colonie chère à tous les Français, parce que si nos soldats l'ont immortalisée par leur héroïsme militaire, nos colons, ces soldats du progrès agricole y apportent, quoi qu'en disent quelques-uns de leurs détracteurs, l'amour de la terre, l'âpreté laborieuse et la patience distinctive de notre race, toutes les qualités, en un mot, qui les rendent dignes de la sympathie et des encouragements de la Métropole.

Veuillez agréer, Monsieur le Ministre et cher Collègue, l'expression de mes sentiments dévoués.

Dr A. VIGER.

Paris, 30 juin 1892.

NOTE

SUR LE COMMERCE

DES

MOUTONS DE L'ALGÉRIE

AVEC LA MÉTROPOLE

Par M. BERTAUX

Directeur de la Régie du marché aux bestiaux de La Villette.

———————

A Monsieur le Docteur VIGER,

Député du Loiret.

Monsieur le Député,

Conformément au désir exprimé par vous, et comme adjoint à la mission que M. le Ministre de l'Agriculture vous avait confiée en Algérie, nous avons l'honneur de vous exposer ci-après, dans un rapport succinct, les différentes observations que nous avons relevées au point de vue du commerce des ovinés de cette grande colonie :

Importance de la production depuis 8 années.

Depuis déjà quelques années, les moutons algériens occupent une place trop importante sur les marchés de la Métropole, ainsi qu'on peut le voir en jetant un coup d'œil sur le tableau ci-annexé des introductions en France, remontant à 8 ans, pour qu'on n'ait pas suivi avec intérêt les diverses améliorations de la race, malheureusement fort lentes, mais qu'on peut constater néanmoins

Catégorie dans laquelle sont classés les moutons algériens comme prix.

Autrefois, les moutons algériens, en général, étaient classés dans la quatrième catégorie, sur les marchés français, tandis qu'aujourd'hui ils sont considérés comme de troisième.

Chaque zone a sa cote particulière : ainsi, celle d'Oran obtient les plus hauts prix; viennent ensuite la province d'Alger et la région de Sétif; en dernier lieu arrive la zone de l'Est de la province de Constantine.

Les cours s'établissent donc ainsi, par provenance : Oran, Alger, Sétif et Constantine-Est.

Pour les provinces d'Oran et d'Alger et la région Sétifienne, les moutons étant presque tous à fine queue, il n'y a que deux cours : celui des moutons castrés et brebis, et celui des béliers.

Pour les sortes de Constantine, il y a trois cours : celui des moutons et brebis fine queue, des moutons de grosse queue et celui des béliers et brebis grosse queue.

La classification ci-dessus se complique encore, dans chacune des provenances, de moutons bourrus; mais cette appellation est plus spécialement employée dans les sortes d'Alger.

Dans tous les pays producteurs de moutons, les qualités ne sont pas uniformes et varient selon les races, les soins et la nourriture donnés, les époques et le mode d'engraissement; mais nulle part, comme en Algérie, il n'y a autant de différence entre les diverses espèces de moutons, au point de vue de la qualité de la viande et de la laine. C'est à cela qu'on doit attribuer le peu de faveur dont jouissent d'une façon générale les ovinés exportés d'Algérie.

Tantôt on voit des troupeaux améliorés par une sélection bien entendue, ou un croisement de mérinos du Midi intelligemment fait, bien engraissés, parfaitement tondus, ayant subi la castration à l'âge normal, obtenir alors des prix équivalents à la moyenne entre les cours de première et deuxième qualité des bonnes races de moutons français.

Tantôt, au contraire, on voit des troupeaux composés de barbarins à grosse queue, et de berbères avec des cornes énormes, où les mâles sont mal ou non castrés, engraissés insuffisamment, tondus maladroitement, n'atteindre que des prix absolument dérisoires, mais que justifie la mauvaise qualité des animaux.

Causes de dépréciation.

Le manque de castration dans le jeune âge, aidant à la pousse d'un cornage volumineux, et la présence de la grosse queue sont une des plus grandes causes de dépréciation; mais l'insuffisance de nourriture et la tonte mal faite contribuent aussi à affecter les prix.

On en a une preuve absolue par le fait suivant :

Au moment des encombrements produits, à Marseille, par les arrivages excessifs, des agriculteurs de la région du Midi de la France s'habituent depuis quelques années à acheter des moutons algériens, castrés, par exemple, bien choisis et à fine queue, insuffisamment gras et mal tondus ; ils les conservent quelque temps dans leur exploitation, les nourrissent bien, les retondent et les envoient ensuite sur le marché de Paris, où ils sont connus sous le nom d'« algériens de réserve », et vendus à un prix variant entre la première et la seconde qualité des cours généraux.

Le fait que nous venons de signaler, et qui se répète de plus en plus chaque année, autorise à dire que si les moutons algériens étaient améliorés dans le pays d'élevage même, par les moyens fort simples de la castration des mâles inutiles ou défectueux, de la sélection des reproducteurs mâles et femelles, du croisement avec des races mérinos du Midi et, si possible, sans cornes, une alimentation meilleure, ils obtiendraient des prix suffisamment rémunérateurs, qui engageraient les producteurs à augmenter le nombre de leurs élèves dans des proportions telles qu'il deviendrait possible de se passer à bref délai du concours de l'Allemagne et de l'Autriche-Hongrie pour l'approvisionnement de la France.

En dehors des causes de dépréciation que nous venons de signaler, il en existe une qui pourrait être combattue, mais peut-être beaucoup plus difficilement que les autres :

Nous voulons parler de l'encombrement qui se produit annuellement sur les marchés de la Métropole, et notamment à Marseille, à l'époque dite de la saison de l'Algérien.

Encombrement annuel.

Le système d'élevage et d'engraissement étant à peu près uniforme sur tout le territoire algérien, c'est-à-dire que les moutons ayant transhumé dans les parties sahariennes pour se rapprocher, au fur et à mesure de l'arrivée des chaleurs et de la sécheresse, vers les Hauts-Plateaux et la partie littoralienne où ils arrivent généralement en bon état de viande, il s'ensuit que c'est aux mêmes époques, variant à peine de deux mois, que la totalité des ovinés engraissés se trouvent prêts pour l'exportation.

Il est bien évident qu'avec des arrivages hebdomadaires à Marseille, du 15 mai au 15 juillet, d'environ 40,000 têtes comme cette année, l'algérien, fût-il encore meilleur, se trouverait toujours déprécié.

L'amélioration de la race par les moyens préconisés par tous ceux qui se sont occupés de la question du mouton en Algérie, l'amélioration, disions-nous, ne comporte pas seulement la sélection ou le croisement, mais encore des réserves fourragères, des constructions légères et cependant suffisantes pour permettre la stabulation temporaire, et enfin la création de points d'eau qui laissent la faculté aux Arabes de prolonger le séjour de leurs troupeaux dans les parties du Sud ou centrales.

En l'état actuel des choses, lorsque l'indigène se trouve aux prises avec la sécheresse, il est dans la nécessité absolue de se débarrasser de ses animaux, et il ne peut le faire alors qu'à vil prix, la situation défavorable produite par le manque d'eau existant pour tous les habitants de la colonie.

Il ne faut pas songer, en effet, lorsqu'il y a disette d'herbe, vendre pour l'exportation à un prix raisonnable des bêtes qui sont forcément maigres et impropres à la boucherie. L'indigène qui a vendu son troupeau dans de semblables conditions subit une perte qui lui fait, tout au moins momentanément, renoncer à la reconstitution d'un troupeau nouveau. Non-seulement il subit le découragement dû à la mauvaise réussite, mais il est aussi, manquant des capitaux qu'il lui faudrait, dans l'impossibilité de tenter un nouvel effort.

Par quelques sacrifices pour l'établissement d'abris, de magasins de prévisions, en meules, en silos, ou formant couverture des bergeries, par la création de points d'eau, il deviendrait possible de sérier les envois sur la Métropole pour qu'ils aient lieu toute l'année, à l'exception de deux ou trois mois d'hiver, où il y aurait à tenir compte des inconvénients de la traversée par mer, ordinairement fort mauvaise dans cette saison ; il resterait donc encore huit mois où les expéditions pourraient se répartir un peu plus uniformément.

L'Arabe, avec ses goûts nomades, presque indispensables pour trouver la nourriture de ses troupeaux, aurait peut-être de la peine à diviser en quelques parts égales ses ventes dans une période de huit mois; mais les colons pourraient, ce nous semble, se livrer à l'embouche et faire coïncider le moment où l'animal est gras avec les époques en dehors de la saison dite « du mouton algérien ».

Tout le monde désire une grande augmentation de la production en Algérie; il faut donc, tout en poursuivant ce but, trouver un débouché facile et avantageux à ce supplément de marchandise. Or, si on suivait les errements actuels et qu'on veuille seulement doubler le troupeau d'à présent, au lieu d'avoir, du 15 mai au 15 juillet, des arrivages à Marseille de 40,000 têtes par semaine, ils atteindraient le chiffre énorme de 80,000 ; et comme avec 40,000 le marché français se trouve déjà encombré, on voit quel serait, assurément, la perturbation qui se produirait en ce cas-là dans le commerce de la viande de mouton.

Manque de capitaux.

Le plus grand obstacle que peut rencontrer le colon ou l'indigène ayant des idées de progrès pour se livrer à l'embouche et répartir les périodes d'engraissement, c'est le manque de capitaux.

Dans un pays neuf comme l'Algérie, où presque tout est à faire ; en vue d'un changement si complet dans les habitudes d'élevage et d'engraissement du bétail, il faut de l'argent, beaucoup d'argent, et on en trouve peu, ou à un taux d'intérêt fort élevé.

La dette hypothécaire de près d'un milliard témoigne de la gêne dans laquelle se trouvent les détenteurs des grandes exploitations où on peut faire le mouton ; ce sont ceux-là justement qui pourraient se livrer sur une grande échelle aux opérations d'engraissement, et comme ils ont engagé la propriété qu'ils possèdent pour garantir les prêts qu'ils se sont fait faire afin d'améliorer leur domaine agricole, ils sont dans l'impossibilité de trouver de nouveaux prêteurs, si ce n'est à des conditions usuraires.

En dehors donc des moyens préconisés pour augmenter la production et améliorer la race, il faut songer à procurer aux éleveurs et engraisseurs, mais surtout à ces derniers, des capitaux à un taux raisonnable d'intérêt, avec un système offrant, bien entendu, une garantie aux prêteurs.

Dans l'état actuel de la législation, il est difficile, sinon impossible, d'affecter à la garantie d'un prêt, dont le montant aurait servi à l'achat d'un troupeau, les animaux qui le composent ; cependant, on ne doit pas perdre de vue qu'en France les herbagers ou emboucheurs trouvent, à un taux raisonnable, les fonds dont ils ont besoin pour acheter des bestiaux maigres. Nous n'oserions pas, étant incompétent, formuler le texte à ajouter aux lois afin d'offrir aux prêteurs de capitaux, pour l'achat des bestiaux maigres, une garantie réelle, complète, qui attire les prêteurs ; nous souhaitons seulement que dans les dispositions que le Gouvernement et le Parlement ont l'intention d'adopter en vue de la création d'un Crédit agricole, il s'en trouve pour faciliter l'emprunt sur bestiaux maigres aux agriculteurs algériens.

Commerce des ovinés en Algérie.

Le commerce des ovinés en Algérie se fait, en ce moment, de la manière suivante :

A la saison où les moutons sont gras, généralement à partir du 15 avril, quand la température a été normale, les troupeaux sont amenés par les indigènes sur les marchés du Sud d'abord, puis ensuite sur les marchés des Hauts-Plateaux et après sur ceux du Tell ; des marchands, habituellement du département des Bouches-du-Rhône, y viennent, et, concurremment avec les colons emboucheurs de chaque région, achètent aux Arabes les marchandises mises en vente.

Les premiers ne prélèvent que les moutons gras, qu'ils dirigent aussitôt sur un port d'embarquement à destination de Marseille ; les seconds se contentent des animaux maigres propres à l'engraissement, les emmènent dans leur exploitation et les revendent de 30 à 60 jours après, sur place, aux marchands marseillais, ou les expédient quelquefois, mais bien rarement, sur Marseille.

L'éleveur, comme l'engraisseur, sont dans l'obligation, à de rares exceptions près, d'avoir recours à l'intermédiaire de marchands du midi de la France, parce que l'importance de leur troupeau n'est pas assez considérable pour qu'ils puissent jouir des tarifs réduits, toujours appliqués à des grosses expéditions.

Écoulement des moutons algériens en France.

Que ce soit par marchands ou par producteurs que les expéditions soient faites à Marseille, l'écoulement des moutons qui y sont adressés se fait, par la vente, pour la consommation de cette ville ou de toutes celles du Midi jusques et y compris Lyon.

Il y a aussi un important marché à Aix, mais il n'est, en réalité, que le déversoir de Marseille.

Quand, dans ces deux dernières villes, il n'y a plus possibilité d'écouler les moutons qui s'y trouvent ou que des marchands de bestiaux reconnaissent les cours de Paris plus avantageux, des expéditions sont faites alors sur la capitale, soit par les commissionnaires marseillais pour compte des expéditeurs algériens même, soit par des spéculateurs trafiquant habituellement sur les bestiaux.

Il vient certainement de bons moutons algériens au marché de La Villette ; pourtant, on conçoit aisément que ceux qui y sont adressés ne représentent pas exactement la moyenne de qualité, mais bien, ou des animaux supérieurs menés par les marchands attirés par la réputation du marché de Paris de payer largement les marchandises de choix, ou alors simplement des rebuts et malheureusement en grand nombre, qui font considérer la sorte de notre colonie comme tout à fait mauvaise.

Plus la production sera considérable en Algérie, plus les producteurs s'ingénieront à trouver des débouchés avantageux, à éviter des intermédiaires, et par conséquent à adresser là où il y en aura besoin les marchandises qu'ils destineront à la Métropole.

Le commerce des moutons à Marseille a certainement un grand intérêt à ce que toutes les expéditions algériennes se centralisent dans ce port, à ce que tout ce qui y vient soit mis une première fois en vente, quand même ce ne serait pas absolument l'intérêt du producteur.

Établissement d'entrepôts à Marseille.

Afin d'éviter l'obligation, pour l'expéditeur qui destine ses animaux à un autre marché que celui de Marseille, de les faire figurer à la vente dans cette ville, il serait nécessaire que des établissements de réception spéciaux y fussent créés, où les moutons recevraient tous les soins que réclamerait leur état avant d'être dirigés sur le lieu définitif de leur destination.

Beaucoup de grands producteurs algériens nous ont transmis leurs regrets de voir qu'il leur est impossible, en l'état actuel des choses, de se passer des commissionnaires en bestiaux de Marseille, et tous ils nous ont dit qu'ils espéraient voir se créer, au port de débarquement, des bergeries tenues par l'industrie privée, ne se livrant pas à la vente des moutons, où les animaux pourraient prendre du repos avant de continuer la route et recevoir une nourriture dont les prix seraient tarifés par l'autorité municipale, qui toucherait un droit de ville pour compenser la perte de la perception résultant de la non-mise en vente.

Ce désir des grands expéditeurs-producteurs algériens ne peut manquer de recevoir satisfaction si les autorités marseillaises veulent bien faciliter la création d'établissements de ce genre, qui, en réalité, ne seraient simplement que des entrepôts fonctionnant sous leur contrôle.

Amélioration dans les moyens de transport et diminution des tarifs.

Quand nous aurons parlé des améliorations dans les moyens de transport et des réductions de prix que les Compagnies de chemins de fer et de bateaux devraient accorder, nous aurons, pensons-nous, traité à peu près toutes les questions relatives au commerce des ovinés algériens.

Conduite à pied.

Les transports s'effectuent de la façon suivante :

On amène des marchés extrêmes Sud, Géryville, Laghouat, Djelfa, etc., et de tous ceux compris entre ces régions et les endroits pourvus de chemins de fer, les troupeaux à pied, jusqu'au port d'embarquement; les distances à parcourir atteignent fréquemment 400 kilomètres, et ne sont franchies qu'avec bien des difficultés, surtout en cas de sécheresse, et avec une perte considérable du poids en viande.

Le transport à pied est encore celui qui est préférable ; du reste, ici, dans le cas que nous venons de citer, il n'y a pas à choisir, puisqu'il n'existe pas de voies ferrées, ni de canaux ; mais y aurait-il, comme dans certains autres endroits de l'Algérie, des lignes de chemins de fer, l'emploi en serait, pour ainsi dire, impossible, à cause des prix élevés de transport.

Pour la conduite à pied, des points reculés du Sud aux ports d'embarquement, il serait indispensable qu'on organisât, à différents endroits, des routes habituellement suivies par les troupeaux, des établissements de prévision, où des denrées fourragères pourraient être vendues à des prix tarifés par l'Administration aux conducteurs des troupeaux ; ces établissements devraient se trouver à proximité des points d'eau qu'on devrait aménager aussi de distance en distance.

Avec des abreuvoirs et quelque peu de nourriture, les moutons, conduits à petites journées, arriveraient aux ports d'embarquement en aussi bon état, sinon mieux, que s'ils étaient transportés dans des wagons, où ils sont forcément entassés.

Transport par chemin de fer.

Bien certainement, là où il y a des voies ferrées, le transport par wagon même avec ses inconvénients, sera préféré à la conduite à pied moins rapide surtout si les tarifs ne sont pas exagérés. Malheureusement, on le sait, les conditions de toutes les Compagnies algériennes sont loin d'être douces, et, malgré la mise en circulation de wagons-bergeries à double et triple plancher, l'expéditeur trouve les frais par tête excessivement élevés.

Sur les lignes de l'Est-Algérien, de Bône-Guelma et de Paris-Lyon-Méditerranée-Algérien, l'emploi des wagons-bergeries à double et triple plancher, permet une réduction dans le prix de transport, par tête de mouton ; mais elle n'est pas encore assez importante pour que les expéditeurs soient satisfaits, et ils demandent tous que les tarifs soient diminués, ce que, à notre avis, les Compagnies de chemins de fer auraient intérêt à faire, pour lutter contre les conduites à pied, en ce moment moins onéreuses pour les expéditeurs. En ce qui concerne les transports en France, sur la ligne Paris-Lyon-Méditerranée, on sait quelle est leur cherté et combien sont vives les réclamations des expéditeurs à ce sujet, surtout pour les envois à destination de Lyon et de Paris.

Avec la perspective d'une augmentation considérable de la production, partant des transports plus nombreux à effectuer, et aussi de la concurrence possible que la Compagnie d'Orléans pourrait faire à la Compagnie de Lyon, par Port-Vendres, cette dernière pourra être amenée à une diminution de ses tarifs actuels.

Transport par bateaux.

Pour les transports par bateaux, les prix sont variables, mais il se passe presque toujours le même fait chaque année. Au début, les trois ou quatre Compagnies qui se chargent plus spécialement des transports d'animaux commencent par accepter des conditions exceptionnelles de bon marché, afin d'obtenir des chargements; puis une entente survient presque immédiatement entre les transporteurs, et, profitant de l'encombrement qui se produit toujours par des expéditions faites toutes à la fois, ils doublent les prix du début sans que les malheureux expéditeurs puissent échapper à ces exigences injustifiables.

Si encore les animaux étaient transportés avec soin, si seulement on prenait à leur égard les mêmes mesures, quoique bien peu confortables, que certains armateurs marseillais ont employées pour le transport des moutons russes venant d'Odessa; mais les bêtes sont empilées, entassées, et arrimées de telle façon qu'il leur est absolument impossible de prendre la moindre nourriture, pendant les quarante à cinquante heures qu'elles se trouvent sur les bateaux. Gênées dans leurs mouvements, ballottées par la mer, privées de nourriture, on peut juger de l'état lamentable où elles arrivent à Marseille.

On nous a bien dit qu'il fallait que les moutons fussent serrés dans les endroits qu'ils occupent sur les bateaux, pour qu'ils ne soient pas renversés et jetés les uns sur les autres par le tangage et le roulis; nous n'y contredisons pas et reconnaissons qu'il faut que ces bêtes soient suffisamment pressées pour se maintenir debout. Tout cela n'exclut pas cependant la possibilité de munir les cases où elles seraient parquées de petits rateliers destinés à recevoir du fourrage, et d'auges dans lesquelles on pourrait faire circuler un peu d'eau douce une ou deux fois par jour.

Ce système réussit aux moutons russes, qui arrivent en parfait état; on est donc en droit de s'étonner qu'on ne l'emploie pas pour les moutons algériens; la traversée, il est vrai, est moins longue des ports de l'Algérie à Marseille que d'Odessa à cette ville; mais les moutons algériens ne doivent-ils pas, malgré cela, être l'objet de soins qu'on ne recule pas à donner quand il s'agit de moutons étrangers?

N'y a-t-il pas aussi assez d'heures de privation de nourriture pendant la durée du trajet de Marseille à Paris, sans y ajouter encore celle d'Algérie à Marseille?

Et puisqu'on tient à voir le mouton de notre grande colonie remplacer, sur le marché français, les moutons allemands et hongrois, il faut qu'il s'y présente dans les meilleures conditions possibles de qualité et d'aspect.

Résumé.

Il ne nous reste plus, Monsieur le Député, pour résumer les observations que nous avons recueillies au cours de notre voyage à travers l'Algérie, qu'à formuler les désirs de tous ceux qui s'intéressent à la production ovine de cette colonie, production qui peut devenir l'une des sources, pour ne pas dire la principale source de revenus des indigènes et des colons agriculteurs.

Voici brièvement ces désidérata :

1° Augmentation de la production ;

2° Amélioration de la race ;

3° Mesures destinées à permettre de faire des expéditions sur la Métropole pendant au moins huit mois de l'année ;

4° Organisation du crédit spécialement affecté à l'achat de troupeaux ;

5° Organisation des conduites à pied, par la création de points d'eau, complétée par des établissements de prévision ou de réserves de fourrages ;

6° Diminution des tarifs des transports par chemins de fer, Compagnies Algériennes, Paris-Lyon-Méditerranée (Algérie et France) ;

7° Diminution des tarifs des transports par bateaux, et meilleur aménagement des locaux affectés aux moutons pendant la traversée ;

8° Création à Marseille d'entrepôts fonctionnant sous le contrôle du Service municipal.

Connaissant toute la sollicitude de M. le Ministre de l'Agriculture pour les intérêts agricoles en général et ceux de l'Algérie en particulier, nous sommes heureux, Monsieur le Député, qu'il nous ait été permis, grâce à votre bienveillance, d'être l'interprète des agriculteurs algériens, pour demander la réalisation de progrès faciles à accomplir avec l'aide du Gouvernement, et particulièrement du Département de l'Agriculture, en ce qui concerne l'augmentation de la production, l'amélioration de la race et le débouché facile du mouton algérien.

Veuillez agréer, Monsieur le Député, l'assurance du plus profond respect de votre dévoué serviteur,

BERTAUX.

Paris, 28 mai 1892.

Introductions des moutons algériens en France depuis 1883 jusqu'en 1890.

ANNÉES	INTRODUCTIONS TOTALES.	NOMBRE de ceux ayant figuré sur le marché de La Villette pour la consommation de Paris (1).	NOMBRE de ceux qui ont été consommés hors Paris (2).
1883	558971	33344	525627
1884	612201	36322	575879
1885	665382	93667	571715
1886	463466	69364	394102
1887	440024	56397	383627
1888	735487	123141	612346
1889	992510	190169	802341
1890	975901	123074 (3)	852827

(1) Au nombre annuel, il faut ajouter les moutons vendus en assez grande quantité dans les bergeries de Pantin.

(2) Du nombre annuel, il faut déduire les moutons vendus en assez grande quantité dans les bergeries de Pantin.

(3) Les bergeries de Pantin n'ayant pu en 1890 être utilisées pour loger les moutons allemands et hongrois ont surtout hébergé des ovinés algériens.

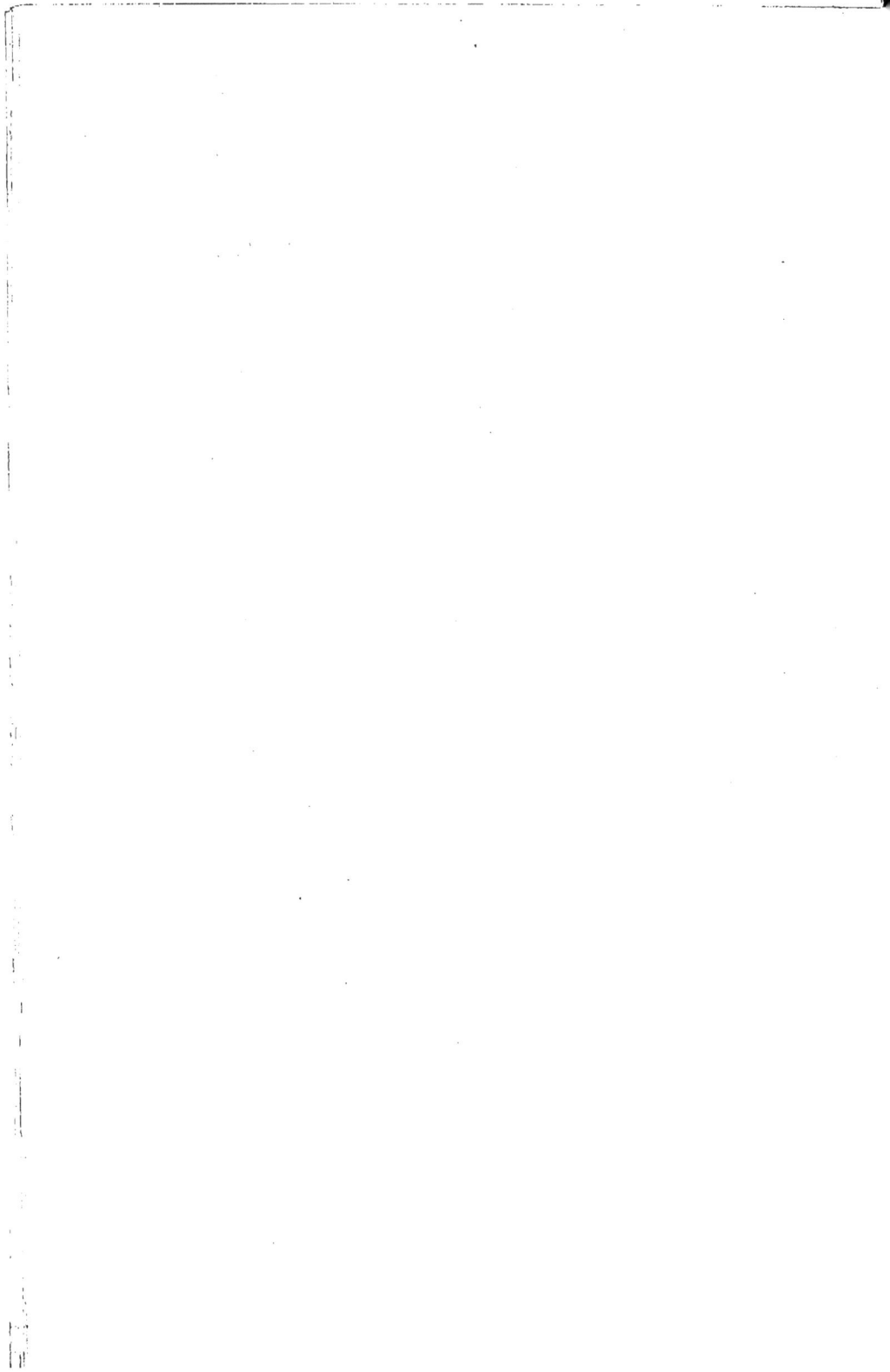

Chambre Syndicale

DE LA MÉGISSERIE LAINIÈRE

(GROUPE DES MOUTONNIERS)

Siège Social : 188, rue d'Allemagne, PARIS

————— ·-·-0-0-·-· —————

Monsieur le Docteur VIGER, Député,
10, rue Saint-Florentin, Paris.

Monsieur le Député,

En m'adressant dernièrement différents types de laine d'Afrique, vous m'avez fait l'honneur de me demander ce que je pensais de chacun d'eux comme valeur et qualité.

Ci-inclus veuillez trouver ces renseignements dont le caractère officiel ne vous échappera pas, puisqu'ils répondent, après mon appréciation personnelle, au jugement d'un de nos négociants les plus compétents en cette matière, du Directeur de nos ventes publiques de laines.

De l'examen approfondi auquel nous nous sommes livré, il ressort que ces laines sont d'une qualité infiniment supérieure à celles des moutons introduits journellement au marché de La Villette et qu'elles seraient, pour la France comme pour ceux qui se livreraient à l'élevage de moutons ainsi croisés, une source de très grands profits.

Au lieu de cette apparence de poil de chien que présentent en majeure partie les moutons africains introduits à Paris, ces laines rappellent d'une manière saisissante nos qualités nerveuses du nord de la France.

Ces résultats sont dus, sans doute, aux soins donnés à leurs troupeaux par des colons soucieux de leurs intérêts et entendus au croisement de leurs animaux.

Que de vœux n'avons-nous pas exprimés dans l'intérêt de notre industrie lainière, pour que le Gouvernement français favorisât les efforts de ceux qui, en Afrique, poursuivent les moyens d'augmenter et d'y améliorer la race ovine.

J'ose croire, Monsieur le Député, que par vos soins et grâce à votre ardeur infatigable dans la voie du progrès, vous saurez mener promptement à bien votre entreprise; tel est, du moins, le vœu que dans l'intérêt général de la France et dans celui de mon industrie, en particulier, je vous demande la permission de vous exprimer.

Avec l'assurance de mon dévouement, veuillez agréer, Monsieur le Député, l'expression de mes sentiments les plus distingués.

Le *Président*,
GASTON FLOQUET.

P. S. — A l'appui de mes renseignements, je vous adresse, d'autre part, une carte référencée de vos divers échantillons; j'espère qu'elle vous donnera satisfaction.

ESTIMATIONS A DIVERS ÉCHANTILLONS

REMIS A M. GASTON FLOQUET.

1º TOISON COMMUNE.

Toison commune provenant de barbarins à fine queue, propriété de M. Rouyer,
à Hammam-Meskoutine (Algérie).

Valeur sur la place de Paris : 1 fr. 20 le kilo. — Rendement en lavé à fond : 55 0/0.

Après peignage.		**Coût par 100 kilos.**	
Cœur 40 0/0 à 2 fr. 90..............	139 20	Marchandise en suint................	120 »
Blousse 7 0/0 à 1 fr. 50..............	10 50	Façon de peignage, 48 kil. à 0.50....	24 »
Ensemble..........	144 70	Ensemble..........	144 »

2º TOISON CROISÉE (Jarreuse).

Brebis croisée, propriété de M. Rouyer, à Hammam-Meskoutine (Algérie).

Valeur sur la place de Paris : 1 fr. 30 le kilo. — Rendement en lavé à fond : 52 0/0.

Après peignage.		**Coût par 100 kilos.**	
Cœur 47 0/0 à 3 fr. 25..............	152 75	Marchandise en suint................	130 »
Blousse 5 0/0 à 1 fr. 60..............	8 »	Façon de peignage, 47 kil. à 0.50....	23 50
Ensemble..........	160 75	Ensemble..........	153 50

3º ÉCHANTILLON CROISÉ Nº 1.

1º Laine obtenue par le croisement du bélier de la Crau avec les brebis choisies des Hauts-Plateaux,
propriété de M. Léon Larrey, à Saint-Donat (Algérie).

2º Toison bélier de la Crau provenant de la bergerie de Moudjebeur, propriété de M. Rouyer,
à Hammam-Meskoutine (Algérie).

Valeur sur la place de Paris : 1 fr. 50 le kilo. — Rendement en lavé à fond : 38 0/0.

Après peignage.		**Coût par 100 kilos.**	
Cœur 31 0/0 à 4 fr. 75..............	161 50	Marchandise en suint.............. ..	150 »
Blousse 4 0/0 à 3 francs..............	12 »	Façon de peignage, 34 kil. à 0.60....	20 40
Ensemble..........	173 50	Ensemble..........	170 40

4º ÉCHANTILLON CROISÉ Nº 2.

Laine obtenue par le croisement du bélier de la Crau avec les brebis choisies des Hauts-Plateaux,
propriété de M. Léon Larrey, à Saint-Donat (Algérie).

Valeur sur la place de Paris : 1 fr. 50 le kilo. — Rendement à fond : 47 0/0.

Après peignage.		**Coût par 100 kilos.**	
Cœur 41 0/0 à 4 fr. 15..............	170 15	Marchandise en suint................	150 »
Blousse 6 0/0 à 2 fr. 25..............	13 50	Façon de peignage, 41 kil. à 0.60....	24 60
Ensemble..........	183 65	Ensemble....... ...	174 60

5º ÉCHANTILLON CROISÉ Nº 3.

Laine prise au hasard sur 2 brebis d'un des troupeaux de M. Léon Larrey,
propriétaire à Saint-Donat (Algérie).

Valeur sur la place de Paris : 1 fr. 45 le kilo. — Rendement : 47 0/0.

Cœur 40 0/0 à 4 francs..............	160 »	Marchandise en suint................	145 »
Blousse 7 0/0 à 2 fr. 10..............	14 70	Façon de peignage, 40 kil. à 0.60	24 »
Ensemble..........	174 70	Ensemble..........	169 »

6º ÉCHANTILLON CROISÉ Nº 4.

Laine prise au hasard sur 2 brebis d'un des troupeaux de M. Léon Larrey,
propriétaire à Saint-Donat (Algérie).

Estimation semblable au lot croisé nº 2.

Clermont-Ferrand. — Typographie et lithographie Mont-Louis.

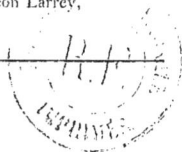